EXPLORATION AND DISCOVERY
探索与发现

奇妙的动物世界

·生动的文字·缜密的思维·精彩的图片·

曾才友 改编

上海科学普及出版社

图书在版编目（CIP）数据

奇妙的动物世界 / 曾才友改编．——上海：上海科学普及出版社，2018
（探索与发现）
ISBN 978-7-5427-7094-3

Ⅰ．①奇… Ⅱ．①曾… Ⅲ．①动物－青少年读物 Ⅳ．① Q95-49

中国版本图书馆 CIP 数据核字（2017）第 283789 号

责任编辑　吴隆庆

奇妙的动物世界
曾才友　改编
上海科学普及出版社出版发行
（上海中山北路 832 号　邮政编码 200070）
http://www.pspsh.com

各地新华书店经销　北京兰星球彩色印刷有限公司
开本 787mm×1092mm　1/16　印张 13　字数 180 千字
2018 年 8 月第 1 版　2018 年 8 月第 1 次印刷

ISBN 978-7-5427-7094-3　　　定价 29.50 元
本书如有缺页、错装或坏损等严重质量问题
请向出版社联系调换

前　言

在这个丰富多彩的世界上，除了人类以外，还有一个另类的群体，那就是动物。自出现生命以来已经历了30亿~40亿年的进化过程，物种在不断地形成、演变与绝灭。40多亿年前，地球上还只是荒凉和寂静，但大约6亿年前，动物的出现打开了地球的沉默之门。

经过几亿年的进化繁衍，地球上变得日益充盈，动物更是成为自然界的主角。到目前为止，人们已经发现了150多万种动物。迄今已鉴定命名的计有140万种左右，包括无脊椎动物40.5万种，昆虫75万种，脊椎动物约4.4万余种。然而，已被认识了的物种只不过是现存物种中的极少一部分。还有许多尚未被我们发现的种类。从浩瀚的海洋到广阔的天空，从葱翠的平原到荒芜的沙漠，从赤日炎炎的非洲内陆到冰雪覆盖的南极大陆……到处都有动物的踪迹。

它们有的善于奔跑，一日千里，风驰电掣；有的善于飞翔，展翅高飞，直上云霄；有的善于游泳，穿行如梭，瞬间即逝……它们是天生的惊世者，大自然在孕育这些生灵的同时，赋予了它们不可思议的神奇技能。这些技能让它们在复杂的自然界中得以生存和发展，并逐渐形成了自己独有的特征。动物身体的大小悬殊。原生动物是由单个细胞构成，许多原生动物要借助于显微镜才能看到；最大的动物当属蓝鲸，体长可达30多米，体重190吨。这种在外形和内在结构方面的特征都是那么不可思议，令世人大为惊叹。

　　动物也有着自己的情感、自己的思想和自己的世界，同样面对着弱肉强食的残酷，但也享受着美好的生活，它们同我们生活在一个地球上，是人类不可忽略的朋友。它们或披着鳞带着甲，或裹着厚厚的皮毛，共同演绎着这个世界的五光十色和盎然生机。

　　《奇妙的动物世界》将多彩的动物世界分类别进行展示，主要分为无脊椎动物、两栖动物与爬行动物、鱼类、鸟类、哺乳动物。这里有拦路抢劫的强盗鸟，用脚饮水的怪牛，可当蜡烛点的山鼠，会钓鱼的泥龟，会弹琴的蛙，会吃鸟的虾，会喷火的甲虫……一切的不可思议就像一个个奇迹，让人们为之赞叹不已。另外，本书还将有奇特技能的动物和动物世界之中的未解之谜专门提出整理，突出大自然中动物的神奇与神秘。一方面让读者深刻了解各类动物的个性特征及生活习性，欣赏趣闻奇事，另一方面更希望引起读者对大自然的热爱，去保护和爱护动物。

　　从这一刻起，本书将会带你快捷地进入动物的世界，与豹驰骋于草原，与猿穿梭于森林，与鹰翱翔于天空，与鱼嬉戏于大海……感受它们的神奇与美丽，一览这个蔚为大观而奇妙的动物世界吧！

目 录
Contents

无脊椎动物
- 概 述 ········ 1
- 形形色色的无脊椎动物 ······ 2

两栖动物与爬行动物
- 两栖动物 ······ 28
- 爬行动物 ······ 29
- 形形色色的两栖动物和爬行动物 ······ 29

鱼类动物
- 概 述 ······ 46
- 形形色色的鱼类 ······ 47

鸟 类
- 概 述 ······ 62
- 形形色色的鸟类 ······ 63

哺乳动物
- 概 述 ······ 108
- 形形色色的哺乳动物 ······ 109

奇特的动物技能
- 会使用工具的动物 ······ 163
- 能发射或接收电磁波的动物 ······ 164
- 会换冬装的动物 ······ 164
- 善于节约能量的动物 ······ 165
- 没有眼睛的动物 ······ 166
- 不长口和肠子的动物 ······ 166
- 能测晴雨的动物 ······ 166
- 讲文明礼貌的动物 ······ 167
- 遵守纪律的动物 ······ 168
- 长得最快的动物 ······ 169
- 导航本领最强的动物 ······ 170
- 其他形形色色的动物绝技 ······ 171

动物世界未解之谜
- 动物的心灵感应之谜 ······ 190
- 动物的思维之谜 ······ 191

动物识数之谜	192	动物的肢体再生之谜	197
动物互助互爱之谜	192	动物导航之谜	198
动物雌雄互变之谜	194	动物冬眠之谜	199
动物能充当信使之谜	195	动物季节迁飞之谜	200
动物的自疗之谜	196	动物集体自杀之谜	201

无脊椎动物

概　述

无脊椎动物是指背侧没有脊柱的动物，其种类数占动物总种类数的95%。它们是动物的原始形式，是动物界中除原生动物界和脊椎动物亚门以外全部门类的通称。一切无脊柱的动物，占现存动物的90%以上。分布于世界各地，在体形上，小至原生动物，大至庞然巨物的鱿鱼。它们一般身体柔软，无坚硬的能附着肌肉的内骨骼，但常有坚硬的外骨骼（如大部分软体动物、甲壳动物及昆虫），用以附着肌肉及保护身体。除了没有脊椎这一点外，无脊椎动物内部并没有多少共同之处。无脊椎动物这个分类学名词以前用于与脊椎动物（该词至今仍为一个亚门的名

无脊椎动物化石

称）相对，但在现代分类法上已经不用。

无脊椎动物的种类非常庞杂，现存约100余万种（脊椎动物约5万种），已灭绝的种类则更多。它包括的门数因动物学的发展而不断增加。由于对动物的各个方面研究得愈加详尽，人们对其彼此间亲缘关系的认识也愈加深入，因而各门的分类地位常有更动。

形形色色的无脊椎动物

背着房子流浪的寄居蟹

我们到海滨去，常常可以看到背着螺壳的寄居蟹在沙滩上爬来爬去。当有人捉它时，它就会把身体缩进螺壳里。寄居蟹的房子是海螺留下的空壳儿，寄居蟹钻入螺壳，用尾巴把身体后端勾住螺壳顶尖，身子缩在螺壳里面，用两只大螯足封住门口。这个房子，既安全又舒适，而且房子是活动的，可以任它背着四处流浪。寄居蟹每蜕一次皮，身体就长大一些，就

寄居蟹

要换一个合适的新螺壳,不过要比以前的大一些。它调换住房是很谨慎的,遇到大小合适的螺壳,它先用螯足轻轻敲几下,然后再伸进壳探寻一番,感到满意后就免费搬进"新居",所以有人叫它"白住屋"。这样,它又可以背着房子四处流浪了。

"昆虫建筑师"——胡蜂

胡蜂是著名的"昆虫建筑师"。它比蜜蜂大,虽然它不能分泌蜂蜡作建筑材料,但它能用咀嚼过的木屑和其他碎片,拌之以自己的唾液,作为筑巢的材料,胡蜂的窝一般建在屋檐或树枝下,巢呈六角形或莲蓬形。

胡　蜂

胡蜂喜欢光线,晚上如果看到外面有较强的灯光时,它们会飞向光源。胡蜂的成虫、幼虫和蜂巢有很高的药用价值。胡蜂能捕食大量农业害虫。不过胡蜂的尾部有螯针,会蜇伤人、畜。

海上"活火箭"——乌贼

乌贼又叫墨鱼、乌贼鱼,是一种比较低级的无脊椎动物,它属于软体

乌 贼

动物门，头足纲。其实，乌贼不是鱼，而是一种贝类，只不过它的贝壳已经退化，变成了白色的内骨骼。

乌贼的头上有一对发达的眼睛，有10条腿长在嘴的周围。其中有两条腿很长，末端有许多能吸住物体的突起，叫吸盘。它行动敏捷，最快每小时能游150千米，有时还会冲出海面，滑翔几十米，所以有海上"活火箭"的称号。

乌贼平时依靠身体后部的三角形鳍作波浪式的运动而缓慢游泳；如果遇到危险或者追猎食物时，它便猛烈地收缩外套腔，水从前腹部的喷水管喷射出去，顿时产生巨大的推进力。乌贼借这股强大的力量，身体便迅速地向后逃遁，并放出烟幕。因为它体内有一个墨囊，里边充满黑色汁液，当身体猛烈收缩时，墨汁便排挤出来，使海水变黑，以此迷惑敌人，掩护自己脱险，所以叫"乌贼"。

知了声声催——蝉

我们经常发现，天气越闷热蝉就越发出"知了，知了"的叫声。蝉的叫声是成年雄蝉求偶的呼唤，而雌蝉是没有发声器官的，雄蝉的腹部两侧长有两个小孔穴，上面复着盖片。孔穴里有鼓膜和完美的扩音系统，由两片褶膜，一个音响板和一个通风管组成。蝉在高歌时，用肌肉徐徐颤动，拉扯动鼓膜，振动空气，发出颤音在褶膜里增强，然后它从音响板上反弹回来，音量就变大了。接着，张开穴上的盖片，鼓声就传扬开来了。

蝉

蝉生活在树上，以吸树的汁液为生，所以蝉是树木的害虫。蝉是世界上寿命最长的一种昆虫，可它的大部分时间以幼虫的形式在地下度过。一般要两三年，长的要五六年。而寿命最长的要数美洲的十七年蝉。

令人讨厌的苍蝇

苍蝇是危害人类健康的害虫。苍蝇的一生，要经过卵、幼虫、蛹和成蝇四个时期。苍蝇的幼虫是白色的蛆，生长在粪便、垃圾中，经过5天左右的几次蜕皮后，就钻到附近的土中化蛹。蛹成熟后再脱一层壳，就变成了成蝇。苍蝇喜欢追腐逐臭，满身染上病菌。苍蝇有着惊人的味觉，它的味觉感受器不仅长在嘴上，而且在腿上也长有无数味觉毛。当发现食物时，苍蝇先是用脚上去踩一下，很快就知道食物是否适合自己胃口。接着就放下象鼻般的喙进食了。一只苍蝇身上约有几万到几百万

苍 蝇

个病菌,能传播痢疾、伤寒、肠炎、肺结核等多种疾病。所以,我们要尽力去消灭苍蝇。

"蛀蚀能手"——白蚁

白蚁并不属于蚂蚁家族,它属于另外一种完全不同的昆虫动物——等翅目。白蚁是群栖性昆虫,全世界共有1800余种,主要分布于热带和温带。在白蚁家族中,每个成员都有为整个家族服务的专职工作,蚁王、蚁后只管交配产卵,生养后代;工蚁只管做工。它们的主要活动是蛀蚀木材,运送食物、修建巢穴、照看幼虫;兵蚁则只管防御,它们的任务是站岗放哨,保卫家园。

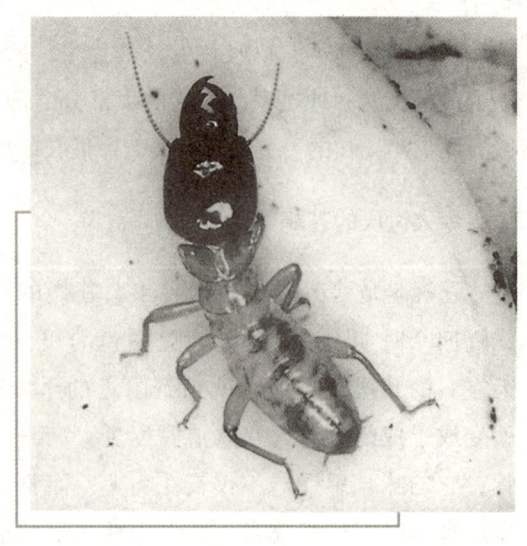

白 蚁

白蚁是蛀蚀木材的大害

虫。它不但危害房屋、铁路枕木、电杆木和桥梁，还危害书籍、衣物等物品。为什么白蚁喜欢蛀木呢？原来木材的主要成分是纤维素和木质素，而白蚁本身不能分解纤维素，但在白蚁的肠子里有一种白蚁寄生原虫，这种寄生虫可以把白蚁蛀的木质纤维分解成酶。这样木质纤维就可以被白蚁当成养料消化吸收了。

"纱衣仙子"——水母

水母是腔肠动物门中的一种水面浮游动物，长得像一把无色透明的降落伞，伞缘伸出许多触手，能灵活地在水下捕捉食物，而且这些触手中含有钙质的平衡小石，它与神经系统相连，掌管着水母在水中的听觉。伞下中央为口，有时有长口管，有时有长口腕。

水　母

有一种最毒的水母，分布在澳大利亚昆士兰地区的河流和浅海中。这种水母能产生一种毒害神经的汁液，其毒性强度几乎和亚洲的眼镜蛇相当。

还有一种淡水水母，分布在我国南方各省，它们聚集在一起出现在水中，略呈淡红色，一团团，一簇簇，很像落在水中的桃花瓣，所以叫桃花水母。

"大刀将军"——螳螂

螳螂是捕食害虫的能手,它喜欢栖息在植物丛中,它那修长而娴雅的身躯上,披着淡绿色薄似轻纱的长翼。前足形状像两条长臂,长着两排锐利的锯齿,后足细长,柔软的长颈上,顶着一个扁三角形的小脑袋。它那小小的嘴巴上,长着一对不显眼的紫色的颚。螳螂的腹部长而大,腰部有力,两对高跷似的长足行走敏捷。螳螂惯于偷袭黄蜂,它先作瞄准,然后挥动刀钩,迅速扑击,速度非常快,前后只有 0.05 秒钟。有趣的是,雌螳螂在受精后,会吃掉许多只雄螳螂。在螳螂交配的季节里,常见雌性把雄性的脖颈咬住,一口一口吃掉,直到剩下两片残翼为止。

螳 螂

螳螂的卵块,可作药用,中药上称为桑螵蛸。可治疗多种疾病。

八条长臂的怪物——章鱼

章鱼不是鱼类,而是软体动物,属于头足纲。它有 8 条像带子一样的长腕,弯弯曲曲地漂浮在水中,所以人们常常叫它八带鱼。

章 鱼

章鱼在一般情况下以蟹、蛤肉、虾和鲍鱼等为食，偶尔也会捕鱼吃。其实，章鱼生性残忍好斗，力大无比又足智多谋，它的8条腕十分厉害，每条腕上约有300多个吸盘，每个吸盘的拉力为100克。一条体重20千克的章鱼的总吸力可达200千克以上，如被它的触腕缠住，往往难以脱身。章鱼的腕有着高度的灵敏性。即使在它休息的时候，也总有两条触腕在值班，不停地转动，这时如果轻微触动它的"值班腕"，它就会立刻跳起来，并像乌贼那样放出墨汁把自己隐藏起来。

章鱼在受惊时全身会变成白色，发怒时又变成红色，章鱼还有很强的再生能力，如果敌人抓住它的触腕，它会自动放弃触腕，自己乘机溜走。第二天伤口就能长好，又会长出新的触腕。章鱼还有一门绝招，就是它能离开海水在陆地上生活几天。

能吐出胃的海星

海星是没有脊椎骨的动物。海星的种类很多，全世界共有1000多种。海星的身体形状像一颗星星，身体扁平，中央部分叫做体盘，由体盘长出5条腕，腕上有几排末端有吸盘的管足。它身体向下的一面中央有口，向上的一面中央隆起，表面生满圆圆的小突起。海星有很强的再生能力，切去它身体的一部分,它又会重新长出来,把它切成两半,就可以长成两个海星。

　　海星主要捕食双贝壳的软体动物。平时海星在海底慢行,一旦发现了食物,就用腕紧紧抓住猎物,用有吸盘的管足把紧闭的贝壳使劲打开,它的拉力可达100克以上,随后从口中翻出胃,包住贝壳的身体,分泌消化液进行消化吸食。海星能消化比自身大好几倍的食物。

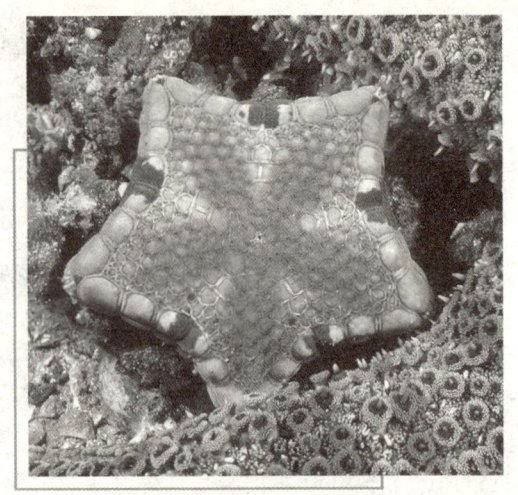

海　星

百脚蜈蚣

　　蜈蚣是一种低等动物,属于唇足纲整形目蜈蚣科。它身体扁平而分节,脑不发达,仅是一个较大的神经节,上面的神经节分布在头部的触角和眼里,"指挥"这些感觉器官。头部还有一个咽下神经节,从那里分出一些神经通到蜈蚣头部的其他附肢上。蜈蚣身体每一节里都有神经节,这些神经节除了与脑部的神经节相连,还有一定独立的"指挥"能力,即使把它切成几段,各个部分也照样能活动一段时间。

　　蜈蚣身体的每个节上都长出一对足,所以又叫"百足之虫",它的第一对足叫颚足,长有利爪和毒腺,用来捕食小动物和螫人。一旦人被咬伤,

蜈　蚣

毒腺里的毒液进入伤口，使人感到剧痛。它的最后一对足向后伸展，是用来爬行的，叫步足。

昆虫国里的"西施"——蝴蝶

蝴蝶是人们喜爱的昆虫。全世界的蝶类大约 14000 余种。大部分种类分布于南、北美洲，而以南美的亚马逊河流域最为集中。我国蝶类大约在 1300 种以上。

蝶类属于鳞翅目锤角亚目，根据形态又可以分为异蝶、凤蝶、粉蝶、眼蝶、斑蝶、灰蝶、娟蝶等 10 科。在昆虫学上，蝶类是完全变态的昆虫，它一生要经过卵、幼虫、蛹、成虫四个阶段。会飞的蝴蝶是它的成虫阶段。

蝴　蝶

蝴蝶在花丛中吸取花蜜时，能帮助花朵传粉，但它的幼虫会吃植物的叶子，对农作物的危害很大。

大自然的明灯——萤火虫

全世界约有 1500 种萤火虫，萤火虫属于鞘翅目的萤科。成虫在 6 月间产卵再孵化成幼虫，萤的幼虫体色灰褐，两端尖细，上下扁平，形似纺织机上的"梭子"，尾端能发光。大多数成虫阶段的雌萤缺翅或无翅，不能飞翔，外形与幼虫差不多，也能发萤光，夏夜飞舞着的闪光的萤火虫，都是提着"灯笼"在找"对象"的雄萤。成虫完全不取食，攻击、捕食蜗牛的是萤的幼虫。

萤火虫

为什么萤火虫会发光呢？这是因为它的尾部有个发光器，里面的腺细胞会分泌出一种含磷质的黏液——萤光素，在萤光酶和氧的催化作用下，氧化后就发出光来。

名震遐迩的"战将"——瓢虫

瓢虫是鞘翅目瓢虫科的小型甲虫。它们的硬壳十分俏丽，单色翅鞘有大红、橙黄、黝黑等色，复色翅鞘更是多彩，在红、黄、黑、赭等底色上，镶嵌着各式各样的异色斑纹，显得格外醒目、艳丽。瓢虫的种类很多，全世界约有4200种以上，根据食性，瓢虫可分为植物性和肉食性两大类。植物性瓢虫以植物为食，种数较少，约占瓢虫种类的1/5，大都属于二十八星及十二星种群。它们取食茄科、葫芦科、荨麻科、茜草科等植物，是人类的害虫。肉食性瓢虫种类多、数量大，约占瓢虫种类总数的4/5。绝大多数

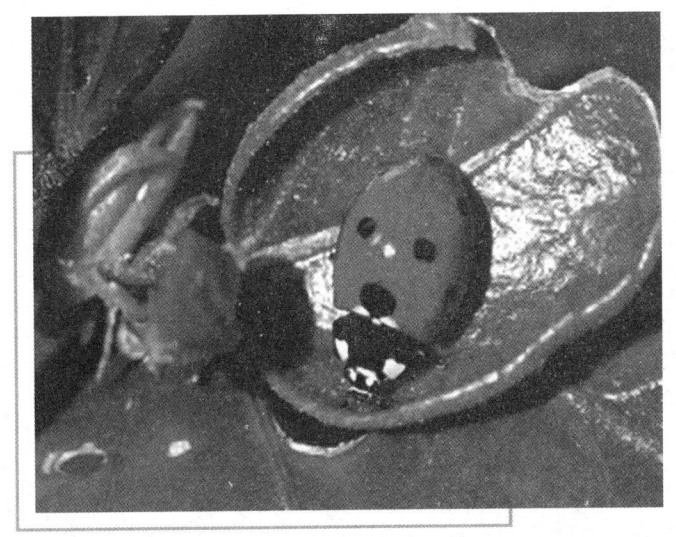

瓢虫

肉食性瓢虫以捕食农业害虫为主，多以各种蚜虫、介壳虫、粉虱、叶螨等害虫为食，食量极大的肉食性瓢虫是一些农业害虫的重要的制约因素。因此小小的瓢虫也就成了闻名遐迩的"战将"。

大自然最机警的猎手——蜘蛛

蜘蛛属于节肢动物门中的蛛形纲，它的身体分为头胸部和腹部两部分。头胸部没有复眼和触角，具有 4 对步足。全世界共有蜘蛛 35000 余种，我国大约有 3000 种，其中，"黑寡妇"是世界上最毒的蜘蛛。

蜘蛛都会纺丝，它们依靠蛛丝来织网，用来捕食、营巢、产卵和育幼。然而，会纺丝的蜘蛛不一定会织网，很多蜘蛛如跳蛛、蟹蛛、盗蛛是不织网的，生态学上称它们为游猎性蜘蛛。会织网

蜘蛛

的造网性蜘蛛,约占蜘蛛总数的一半以上。蛛网是蜘蛛捕捉小动物的有力猎具。热带地区的一些巨型食鸟蛛织的网异常结实,能经得起300克重量的物体的冲击,青蛙、蜥蜴、小鸟都难以逃出这种罗网。

日本有一种红鳌蛛,孵化出来的幼蛛都爬到母蛛身下,并吃母体的肉,而母蛛却心甘情愿让它们吃,直到自己死去。

贪吃的屎克螂——蜣螂

蜣螂也叫屎克螂,属于鞘翅目金龟子科。它不仅具有坚硬的典型翅鞘,而且还有特殊的瓣状触角,以此区别于其他种昆虫。它们的身体油黑肥胖,头前长着一排坚硬的角,像个钉耙。它们通常的食物是一些污物、垃圾和粪便,因此,又获得了"屎克螂"的雅号。

在推粪球的屎壳郎

夏秋季节,蜣螂看到地面上的粪便后,便扫清一小块地面,然后把这些食物搬到平整过的地面上,并置于自己的腹下,在后面两对细长有爪的足的搓动下,使食物不断旋转、滚动,最后形成一个圆球,球形食物制成后,它们便把它搬到安全、适当的地方去。蜣螂"夫妇"双双合作,一个在前拉,一个在后推,当粪球滚到一定地点后,雌蜣螂用头和"脚"在粪球上挖个洞,将卵产在里面,然后把粪球滚到洞里去,用土盖起来,孵化出来的幼虫靠粪球当粮食,一直到在泥土中化蛹。因为蜣螂能清除粪便,所以古代就有"清道夫"的称号。它们曾为清除澳大利亚草原上的牛羊粪,减少苍蝇的繁殖和滋生,做出过巨大的贡献。

大自然的"清洁工"——蚂蚁

蚂蚁是一类既有益又有害的昆虫。目前,已知全世界蚂蚁的种类约在8800种以上。蚁类的体色相当多,体型大小悬殊。澳洲昆士兰、新南威尔士北部的公牛蚁,体长3.7厘米,还有一对十分威风的巨颚。世界上最小的蚂蚁是贼蚁,其蚁体长仅为0.2厘米。

蚂 蚁

蚂蚁筑巢群居,过着有组织的社会生活。它们的家庭成员由能生育的蚁后、工蚁以及由工蚁变型的兵蚁组成。它们分工明确:蚁后只管产卵;雄蚁只管交配;兵蚁只管保卫蚁群和蚁穴的安全;工蚁中有的负责觅食运粮,有的负责管理蚁穴,哺育幼蚁,有的负责清除蚁道,扩建蚁室等。蚂蚁能分泌出一种化学物质,可以使蚂蚁的触角感觉到,所以蚂蚁之间能传递信息。

蚂蚁是一名既聪明又出色的大自然的"清道夫"。一个有着50万只蚂蚁的群体,在一年内就会吃掉1.2亿只昆虫。虽然有些蚁类骚扰人类,侵犯家畜,甚至危害农作物,但总的来说它们还是为人类做出了巨大贡献的。

无敌"将军"——蝎子

蝎属于蛛形纲铗角类。一般体长8～10厘米,最长可达18～20厘米。全世界现有蝎600多种。蝎子身上有6对足。第一对细小,叫钳角,找吃的东西时用。第二对特别强大,叫螯足。其他4对叫步足,用来走路。尾部有一根能向前弯曲的刺,内藏毒液,是它的秘密武器。

蝎是肉食性动物。大部分产于温、热两带。性喜干燥、独栖,白天很少活动,整天隐匿在石堆、土洞、树皮下等地方,傍晚才出来活动。它走路时,张开两只螯足,翘起尾巴,威风凛凛。碰上昆虫、蜘蛛、小蜈蚣时,先用螯足钳住对方,再用尾刺刺进猎物,注入毒液。蝎子的毒液不亚于眼镜蛇毒,人被刺后,严重的会丧命。

蝎 子

蝎还具有一种怪癖,它能在不饮水的情况下,长期不食。据观察,一只蝎能在不食的情况下生活368天。

蝎子也不是都有剧毒的,在数百种蝎子当中,只有几种有毒。蝎子还常捕食蟋蟀、蝼蛄、蝗虫乃至蝶、蛾、蚜虫,为人类除掉了不少农业害虫。干燥的蝎子还可以做药治病。

"隐形杀手"——蚊子

蚊子属于双翅目蚊科,是一种小型昆虫。全世界共有蚊子2000多种。我国有200多种。

蚊子有1对触须和3对步足,上面生有很多感觉毛,它们可以在黑夜感觉到人体散发出的二氧化碳,然后飞到吸血对象那里,如果对象适合它的

"胃口",它就会把轻巧的尖嘴插入吸血对象的皮肤里。蚊子吸血前先将含有抗凝素的唾液注入皮下与血混和,使之变成不会凝结的稀薄血浆,然后吐出隔宿未消化的陈血,换吸新鲜血液。

蚊 子

蚊子不仅吸食人血,其危害性在于它能传播疟疾、乙型脑炎、丝虫病、黄热病等几十种疾病。可以这样说:在地球上,再没有哪种动物能比蚊子给人类带来的灾害更大的了。蚊子通过传播疾病,因此死亡的人比死于战争的人数还要多。蚊子的繁殖力是惊人的。从卵、孑孓、蛹到蚊大约只需10~12天。所以,我们要做好灭蚊工作,防止它危害人类。

昆虫世界中最出色的"飞行员"——蜻蜓

蜻蜓属于蜻蜓目差翅亚目蜻蜓类,它静止时两翅平展,体躯粗壮,头上一对大复眼几乎相连。它脑袋滚圆并能任意转动,口器内生着一对坚硬、有力的紫色大颚。蜻蜓的触角呈细毛状。它的一对发达的大复眼占整个头部的1/2,一只复眼由15000~18000只小眼所组成,这使它能够看见飞行在100米以外的同类,还会分辨颜色、识别物体的形状。

蜻蜓是昆虫世界里的飞行员,它们不仅飞得快、飞得高、飞得远,还有飞行绝技,它能陡然起飞或急转弯飞行,速度每秒高达40米左右。一只蜻蜓能在一小时内吃掉40只苍蝇或840只蚊子,是人类的好帮手。人们熟知的"蜻蜓点水",其实是蜻蜓在产卵。卵在水中孵出幼虫水虿,专吃蚊子的幼虫,水虿在水中生活多次蜕皮后才变为成虫。

蜻 蜓

现代农业之"翼"——蜜蜂

蜜蜂属于昆虫纲膜翅目蜜蜂科,是一种高度合群、群体结构十分稳定、上下分工致密的昆虫。一个大家庭,一般都由一个专司生殖的蜂王、少量负责交配的雄蜂以及数量极大的辛勤劳动的工蜂三种成员组成。蜂王与众不同。它圆锥形的腹部有着发达、健全的生殖器官。产卵是蜂王唯一的职责,它一天能产1000~8000粒卵,是整个蜂群的中心。在蜂群里,约有600~800个雄蜂,它们不会干活,唯一职能是与雌蜂王交配。工蜂是家族的主体,大约7万只。它们都是些不会生育的雌性。它们身体小,有花粉及螫针,负责建造巢房、寻找蜜源、采粉酿蜜、打扫蜂房、抚育幼蜂、侍候蜂王、保卫家庭等全部工作。

蜜 蜂

蜜蜂在栽培作物采花吸蜜的过程中，起了极为重要而显著的增产作用，蜜蜂给农作物授粉而增加产量的经济价值要比它直接生产的蜂蜜、蜂蜡高出 5～10 倍，被誉为现代农业之"翼"。

东方飞魔——蝗虫

蝗虫属于昆虫纲直翅目的蝗科，全世界的蝗虫约有 1 万多种。我国已知的种类有 800 多种。其中对农、林、牧业造成危害的有 60 多种。

蝗虫的身体表面有一层坚硬的外骨骼，不怕风吹日晒，又能保护体内器官。头上长着一对有嗅觉的丝状触角，能看见较远的东西。触角旁边有 3 个单眼，能分辨方向和光线的强弱。头下面有一张大嘴，能咬断食物。它有两对健壮的翅膀，飞行很快。一对后足特别发达，用来跳跃。它主要吃稻、麦、玉米、高粱等农作物，有时连树叶、树皮也吃，是个贪吃的家伙。

蝗虫常常成群活动，每群个数多得没法计算。它们的飞翔能力惊人，能够连续飞行 1～2 天。在我国危害最严重的是东亚飞蝗。它们几乎什么都吃，一个蝗群一天内可吃掉 8 万吨食物，相当于 40 万人一年的口粮。而且

蝗 虫

历史上每隔 2～3 年就发生一次蝗灾。因为蝗虫具有惊人的繁殖力，所以要想彻底消灭它，对人类还是一项艰苦的挑战。

好斗的蟋蟀

蟋蟀是一种善叫、好斗的小型昆虫，属于昆虫纲直翅目蟋蟀科。全世

蟋 蟀

界的蟋蟀约有1400余种。我国的蟋蟀在60种以上,以中华蟋蟀最为常见。

雄性中华蟋蟀体长1.7~2.5厘米,触角丝状,后足发达,有一对大而显眼的上颚组成的咀嚼式口器以及腹部末端一对修长的尾须。蟋蟀每年发育一代。它的一生只经过卵、若虫、成虫三个发育阶段,没有蛹期,所以蟋蟀是种不完全变态的昆虫。蟋蟀的卵在土中越冬,第二年5~6月间,越冬卵孵化成深灰色的若虫。在一段时间内,若虫在泥土隙缝中成群生活,随着虫体长大,逐渐分散觅食。若虫经过7~9次蜕皮,就蜕化成为成虫了。雄性蟋蟀能鸣、善斗,腹部末端有尾须一对,俗称"二枚子"。雌性蟋蟀不会鸣叫,腹部末端的一对尾须中,还长着一根显眼的产卵器,俗称"三枚子"或"三雌"。蟋蟀还是农业害虫,不论成虫还是幼虫,都能咬食作物的叶、茎和根。

带着"时钟"的蟑螂

蟑螂是最古老的害虫之一,早在3.5亿年前,就已经出现在地球上了。它的种类很多,人们常见的蟑螂有5种。

蟑螂白天躲起来,夜里上半夜9点到下半夜2点是它最活跃的时间,它什么都吃,还能传播多种疾病。虽然它是个贪吃的家伙,但耐饥能力很强,不吃食物能活1个月,没有水喝可活3个月。

有趣的是,蟑螂身上带着一只奇妙的"时钟"。科学家把蟑螂关在密室里,并用红外线追踪它的行动。一星期后,知道了蟑螂的行为规律,周期是23小时53分钟。这和地球自转的周期相当近似。在黑暗中,它之所以能知道外面的昼夜交替是因为在蟑螂的咽下有一种神经节,它的侧面和腹面有一群神经分泌细胞,分泌和调节着激素,指示着蟑螂的活动和休息,起着计时的作用。

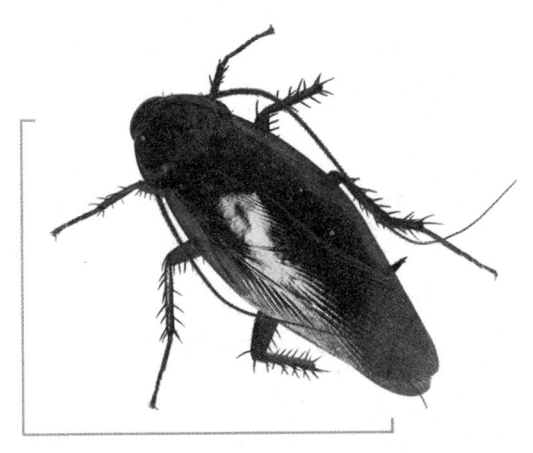

蟑　螂

神秘的招潮蟹

招潮蟹是一种非常有趣的小蟹，它们的习性同潮汐有着密切的关系，因此叫"招潮"。潮退后，招潮蟹从沙里爬出来，大模大样地在阳光下爬行；潮涨时，它们就爬进洞内休息了。

雌蟹的两螯足很小，一样大，用来取食。雄蟹就长得怪模怪样的，一只螯足特别大，特别长，重量占体重的一半，但另一只螯足却非常小、非常短，比8只步足都小。有趣的是，招潮蟹的颜色是随着时间的转换而在不断地变化着的。黑夜里，蟹身呈黄白色，快日出时，颜色开始变深，到了黄昏的时候，颜色又变淡了。科学家发现，招潮蟹的色泽变化这主要是受了眼柄分泌出

招潮蟹

的一种内分泌物的影响，使蟹壳内的色素起着分散或集中的变化。

在繁殖季节，雄蟹向雌蟹求婚，一面爬行，一面像打信号旗那样挥舞着大螯足，雌蟹看到后就会向雄蟹爬来，雄蟹边敲边进洞，雌蟹也跟着入洞，直到产卵孵化。在这期间，雄蟹是绝不允许其他雄蟹入内的。

既聋又瞎的蚯蚓

蚯蚓又叫地龙。它的身体是长圆柱形的，整个身体由许多生着刚毛的环节构成。它的头部没有触角和眼睛。前端长成光滑的肉质，好像活犁耙，可以日夜松土。蚯蚓是聋子，根本听不见声音，也不会鸣叫。但是，蚯蚓的皮肤里却有发达的感觉细胞，外面稍有振动，就能警觉到。

蚯蚓还是个瞎子，但它对光线却有明暗的感觉，用光来刺激，它会很快逃回洞里，这是它身体表面的感光细胞在起作用。

蚯 蚓

蚯蚓的消化能力惊人，除了玻璃、金属、塑料和橡胶以外，几乎样样都吃。蚯蚓还没有肺，它是靠皮肤来呼吸的。

世界上最大的蚯蚓是大洋洲的巨蚯蚓，身体长达12米。

"朝生暮死"的蜉蝣

蜉蝣是寿命最短的昆虫，古人用"朝生暮死"来形容它生命的短促，蜉蝣的种类很多，有的蜉蝣的成虫只能活上几个小时，最长的寿命也不过一个星期。

在春夏季节的日落以后，蜉蝣常常成群地在河湖、池塘上空飞翔。它们的身体柔软，会反光，头部的一对触角像短刺。休息时，两对翅膀直立在背上。腹部末端长出3条尾毛，比身体要长得多。因为蜉蝣的生命短暂，所以它们纷纷寻找配偶，进行交配，当把卵产在水中以后，它们就死去了。相反，那

蜉 蝣

些找不到配偶，尚未完成繁殖责任的蜉蝣，却能活得长一些。

把卵从孵化到变为成虫的时间加起来，蜉蝣的生命就不算短了，可以从几个月到一年。"短命鬼"指的是蜉蝣的成虫阶段。蜉蝣不是害虫，幼虫可作鱼饵，死蜉蝣也可作肥料。

水手命名的鹦鹉螺

鹦鹉螺俗称"纸鹦鹉螺"，世界性分布，与章鱼有亲缘关系。鹦鹉螺属的种俗称珍珠鹦鹉螺或分室鹦鹉螺。

鹦鹉螺通常夜间活跃，日间则在海洋底质上歇息，以触手握在底质岩石上。生活在海洋表层一直到600米深，气体的量必须能够调控，使鹦鹉螺适应不同深度的压力。死亡后，身躯软体脱壳而沉没，外壳则终生漂泊海上。它的名字事实上就是源自拉丁文"水手"一词。

鹦鹉螺

鹦鹉螺现有的种类不多，但都是暖水性动物。它们是印度洋和太平洋海区特有的种类，在亚热带和热带海域，我国台湾、海南岛和南海诸岛均有发现。

在奥陶纪的海洋里，鹦鹉螺堪称顶级掠食者，它的身长可达11米，主要以三叶虫、海蝎子等为食，在那个海洋无脊椎动物鼎盛的时代，它以庞大的体型、灵敏的嗅觉和凶猛的嘴喙霸占着整个海洋。

鹦鹉螺的雄雌异体,交配时,雄性和雌性头部相对,腹面朝上,将触手交叉,雄性以腹面的肉穗将精子荚附于雌性漏斗后面的触手上,雌性的受精部位在口膜附近。受精后短期内即产卵,仅产几枚至几十枚,但卵较大,为 40 毫米 × 10 毫米。

鹦鹉螺在古生代几乎遍布全球,但现在基本绝迹了,只是在南太平洋的深海里还存在着 6 种鹦鹉螺。

千里光——鲍鱼

鲍鱼,同鱼毫无关系,倒跟田螺之类沾亲带故。它是海洋中的单壳软体动物,只有半面外壳,壳坚厚,扁而宽,形状有些像人的耳朵,所以也叫它"海耳"。螺旋部只留有痕迹,占全壳的极小部分。壳的边缘有 9 个孔,海水从这里流进、排出,连鲍的呼吸、排泄和生育也得依靠它,所以它又叫"九孔螺"。壳表面粗糙,有黑褐色斑块,内面呈现青、绿、红、蓝等色交相辉映的珍珠光泽。鲜鲍经过去壳、盐渍一段时间,然后煮熟,除去内脏,晒干成干品。它肉质鲜美,营养丰富。"鲍、参、翅、肚",都是珍贵的海味,而鲍鱼列在海参、鱼翅、鱼肚之首。鲍壳是著名的中药材——石决明,古书上又叫它千里光,有明目的功效,因此得名。全世界约有 90 种鲍,它们的足迹遍及太平洋、大西洋和印度洋。我国渤海海湾产的叫皱纹盘鲍,个体较大;东南沿海产的叫杂色鲍,个体较小;西沙群岛产的半纹鲍、羊鲍,是著名的食用鲍。由于天然产量很少,因此价格昂贵。现在,世界上产鲍的国家都在发展人工养殖。我国在 20 世纪 70 年代培育出杂色鲍苗,人工养殖获得成功。

背房子走的蜗牛

蜗牛是世界上牙齿最多的动物。虽然它的嘴大小和针尖差不多,却有 25600 颗牙齿。在蜗牛的小触角中间往下一点儿的地方有一个小洞,这就是它的嘴巴,里面有一条锯齿状的舌头,科学家们称之为"齿舌"。

蜗牛并不是生物学上一个分类的名称,一般指大蜗牛科的所有种类动物,广义的也包括腹足纲其他科的一些动物(包括蛞蝓等)。一般西方语言中不区分水生的螺类和陆生的蜗牛,汉语中蜗牛只指陆生种类,虽然也包括许多不同科、属的动物,但形状都相似。蜗牛有一个比较脆弱的、低圆锥形的壳,不同种类的壳有左旋或右旋的,有明显的头部,头部有两对触角,后一对较长的触角顶端有眼,腹面有扁平宽大的腹足,行动缓慢,足下分泌黏液,降低摩擦力以帮助行走,黏液还可以防止蚂蚁等一般昆虫的侵害。蜗牛一般生活在比较潮湿的地方,在植物丛中躲避太阳直晒。在寒冷地区生活的蜗牛会冬眠,在热带生活的种类旱季也会休眠,休眠时分泌出的黏液形成一层干膜封闭壳口,全身藏在壳中,当气温和湿度合适时就会出来活动。

蜗　牛

蜗牛几乎分布在全世界各地,不同种类的蜗牛体形大小各异,非洲大蜗牛可长达 30 厘米,在北方野生的种类一般只有不到 1 厘米。一般蜗牛以植物叶和嫩芽为食,因此,是一种农业害虫。但也有肉食性蜗牛,以其他种类蜗牛为食。现在人工养殖的可食用蜗牛已经随同法国烹饪向世界各地传播。蜗牛是雌雄同体的,有的种类可以独立生殖,但大部分种类需要两个个体交配,互相交换精子。普通蜗牛将卵产在潮湿的泥土中,一般两到四周后小蜗牛就会破土而出。一次可产 100 个卵。蜗牛的天敌很多，鸡、鸭、鸟、蟾蜍、龟、蛇、刺猬都会以蜗牛作为食物。一般蜗牛寿命可以达 2～3 年，最长可达 7 年，但大部分可能当年就成为其他动物的食物。蜗牛在各种文化中的象征意义也不相同，在中国，蜗牛象征缓慢、落后；在西欧则象征顽强和坚持不懈。有的民族以蜗牛的行动预测天气，芬兰人认为如果蜗牛的触角伸的很长，就意味着明天有一个好天气。

蜗牛具有很高的食用和药用价值。营养丰富，味道鲜美，属高蛋白，低脂肪，低胆固醇，富含 20 多种氨基酸的高档营养滋补品。蜗牛属腹足纲陆生软体动物，种类很多，遍布全球。据有关资料记载，世界各地有蜗牛 4 万种。在我国各省区都有蜗牛分布，生活在森林、灌木、果园、菜园、农田、住宅、公园、庭园、寺庙、高山、平地、丘陵等地。但有饲养和食用价值的种类却很少。蜗牛作为人类的高蛋白低脂肪的上等食品和动物性蛋白饲料，日益受到人们的重视。

蜗牛是陆地上最常见的软体动物之一，它主要以植物为食，特别喜欢吃作物的细芽和嫩叶，所以野生的蜗牛对农作物危害较大。随着科学的发展，人们变害为利，把蜗牛进行人工饲养，让蜗牛为人类提供营养价值很高的蜗牛肉。

两栖动物与爬行动物

两栖动物

两栖动物是第一种呼吸空气的陆生脊椎动物,由化石可以推断,它们出现在3.6亿年前的泥盆纪后期,是直接由鱼类演化而来。这些动物的出现代表了从水生到陆生的过渡期。两栖动物生命的初期有鳃,当成长为成体时逐渐演变为肺。两栖动物的字源来自希腊文的两种和生命。这是因为两栖类可以同时生活在陆上和水中。

两栖动物是最原始的陆生脊椎动物,既有适应陆地生活的新的性状,又有从鱼类祖先继承下来的适应水生生活的性状。多数两栖动物需要在水中产卵,发育过程中有变态,幼体(蝌蚪)接近于鱼类,而成体可以在陆地生活,但是有些两栖动物进行胎生或卵胎生,不需要产卵,有些从卵中孵化出来几乎就已经完成了变态,还有些终生保持幼体的形态。

最早的两栖动物牙齿有迷路,被称为迷齿类,在石炭纪还出现了牙齿没有迷路的壳椎类,这两类两栖动物在石炭纪和二叠纪非常繁盛,这个时代也被称为两栖动物时代。在二叠纪结束时,壳椎类全部灭绝,迷齿类也只有少数在中生代继续存活了一段时间。进入中生代以后,出现了现代类型的两栖动物,其皮肤裸露而光滑,被称为滑体两栖类。

现代的两栖动物种类并不少,超过4000种,分布也比较广泛,但其多样性远不如其他的陆生脊椎动物,只有3个目,其中只有无尾目种类繁多,分布广泛。每个目的成员也大体有着类似的生活方式，从食性上来说，除了一些无尾目的蝌蚪食植物性食物外，均食动物性食物。两栖动物虽然也能适应多种生活环境，但是其适应力远不如更高等的其他陆生脊椎动物，既不能适应海洋的生活环境，也不能生活在极端干旱的环境中，在寒冷和酷热的季节则需要冬眠或者夏蛰。

爬行动物

爬行动物是第一批真正摆脱对水的依赖而真正征服陆地的脊椎动物，可以适应各种不同的陆地生活环境。爬行动物也是统治陆地时间最长的动物，其主宰地球的中生代也是整个地球生物史上最引人注目的时代，爬行动物不仅是陆地上的绝对统治者，还统治着海洋和天空，地球上没有任何一类其他生物有过如此辉煌的历史。现在虽然已经不再是爬行动物的时代，大多数爬行动物的类群已经灭绝，只有少数幸存下来，但是就种类来说，爬行动物仍然是非常繁盛的一群，其种类仅次于鸟类而排在陆地脊椎动物的第二位。爬行动物现在到底有多少种很难说清，各家的统计数字可能相差千种，新的种类还在不断被鉴定出来，大体来说，爬行动物现在应该有接近8000种。由于摆脱了对水的依赖，爬行动物的分布受温度影响较大而受湿度影响较少，现存的爬行动物大多数分布于热带、亚热带地区，在温带和寒带地区则很少，只有少数种类可到达北极圈附近或分布于高山上，而在热带地区，无论湿润地区还是较干燥地区，种类都很丰富。

形形色色的两栖动物和爬行动物

爬行动物中的"飞行家"——飞蜥

飞蜥生活在澳洲西伊里安岛上。它身体细长，尾巴几乎和躯体相等，样子有点像壁虎，只有手掌那么大。有趣的是，这种飞蜥身上左右各长有一块皮膜,当这褶叠式的皮膜张开时,简直就像飞鸟的翅膀,飞蜥就凭借这对"翅膀"在树林中自由自在地飞翔。飞蜥从树上起跳,可以滑翔50米,它平稳地落到另一棵树上时,翅膀便一下子消失了,就像从未出现过一样。原来,它的"翅膀"是有弹性的,并固定在肋骨上,当肋骨合拢时,翅膀也就不见了。

飞蜥大部分时间栖息于树干上,身上的皮肤与树枝同色,所以昆虫不易发现它。一旦昆虫从它旁边飞过时,飞蜥便张开皮膜,疾驰上去吃掉它们,整个动作干脆利索。当它遇到敌害时,飞蜥的翅膀会时张时合,用闪光吓唬对方。

飞　蜥

"飞檐走壁"的壁虎

壁虎又叫蝎虎,是夜间活动的一种爬行动物。它白天躲在僻静的阴暗角落,到了夜晚,凭借一身"飞檐走壁"的绝技,在屋檐下,墙壁上,窗纱或电线杆上行走自如,专门捕食蚊子、苍蝇和飞蛾等害虫。

为什么壁虎能在光滑的墙壁和天花板上爬来爬去呢?原来,它的足趾前端膨大成软垫,由许多呈横向或扇状排列的板片构成。实际上鳞片上覆

壁　虎

盖着宛如一个个小钩子的绒毛。这些小钩子能轻而易举地抓住物体表面微乎其微的小突起。即使是光滑的玻璃表面，与这些微小的钩子相比，也是够粗糙的了。但是，如果让它在抛光的光滑表面上行走，那它就一爬一滑，寸步难行了。

壁虎的尾巴有再生的能力，一旦遭到袭击，壁虎就会丢下尾巴溜之大吉，几天以后，它的尾部又会长出一条新尾巴来。

会"演奏"的弹琴蛙

弹琴蛙生活在我国台湾、云南、四川和福建等省山区的水田或水塘附近。它身长只有5厘米，灰褐色的身体上，点缀着黑色的斑点。因为雄蛙会发出"登、登、登"的声音，像电子琴演奏"1、3、5"的乐曲声，所以人们叫它弹琴蛙。

弹琴蛙

弹琴蛙繁殖后代的手段十分高明，它们用泥巴在近水的泥埂地上筑窝。上方有一个圆形小洞，泥窝的长、宽、高都是5厘米。雌蛙和雄蛙共同筑好窝后，雌蛙在窝里产下外包胶质厚膜的卵，并把这些卵连成一片，蛙卵在厚膜的保护下正常发育。雨季到来的时候，已经孵出和未孵出的小蝌蚪被大雨相继冲入水中，游到附近的水塘里，开始了自己的新生活。

缘木求子的树蛙

树蛙又叫飞蛙，分布在印度、东南亚和我国南部。顾名思义，树蛙是生活在树上的，它的脚趾大而长，趾间长着很宽的蹼膜，趾端有很大的吸盘。依靠吸盘的吸附作用，它能在树干上轻巧地爬行而不会掉下来。树蛙还会"飞"，它可以把趾间的膜张开，像大纸扇一样扇动起来，使自己从一棵树滑翔到另一棵树上，或降落到地上。

树 蛙

树蛙是一种夜间活动的动物,主要捕食昆虫和蜘蛛等,它还会随着周围环境的变化而改变自己的体色,以保护自己并获得食物。

母蛙在水旁的树上产卵分泌出很多黏液,并用腿把它搅拌成泡沫状,然后将卵产进泡沫里,整堆卵泡就牢牢粘在树枝上。当蝌蚪孵化时,卵泡的底部就融化,小蝌蚪纷纷跌入水中,自由自在地游起来。直到它们长成和它们的父母一样的时候,才又回到树上生活。

会装死的鳄蜥

鳄蜥又叫雷公蜥,它的头很像蜥蜴,身体和尾巴极像鳄鱼,因此名叫鳄蜥。它是我国的特产动物和一级保护动物,只生活在广西大瑶山区。它和新西兰的楔齿蜥一样,也是古老的珍贵动物。

鳄蜥体长30厘米,四肢发达,爪子锐利。它的背是褐色的,腹部是黄白色。它喜欢吃蝗虫、蝌蚪和小鱼。鳄蜥的看家本领是"装死",这是它重要的护身法宝。因为它体小力微,行动又不灵活,遇到稍微厉害一点的动物就难以应付。于是,当别的动物抓到它时,鳄蜥就一动不动,不论怎么拨弄它,它都纹丝不动。来犯者常常以为这不过是一具尸体,稍一疏忽,

鳄　蜥

鳄蜥便逃之夭夭，如果捕捉者不小心碰了它，也会被它死死咬住不放。鳄蜥的装死未免有些消极，但消极中却有着积极的意义，使它一直生存到今天。

同类相残的五步蛇

五步蛇是一种剧毒蛇。传说一旦被它咬伤，走不到5步就会死掉，所以称它为"五步蛇"。五步蛇长相很怪：三角头，凹眼睛，翘鼻子，身穿棋盘格式的外衣，血盆大口中有一副长长的毒牙。在它盛怒之下，会从牙管中喷出毒液，一次能喷出两米多远。五步蛇的尾端有一个尖尖的大刺，俗称佛指甲。五步蛇常用它戳在土里顶一下，加快爬行的速度。在受惊的时候，它的尾巴也会发出响声。

五步蛇不仅会游泳，还可以在水下潜水1小时也不危及生命。它主要吃老鼠，食量非常大，每天吃的老鼠重量相当于自己的体重，有时也以小吃大，一条体重226克的小五步蛇，能够吞下体重242克的大老鼠。这在动物界中是罕见的。

五步蛇比别的蛇更凶残，表现在它的同类相残。丝毫不顾及父子、母子、手足之情，只要饥饿难忍，它就会吞吃自己的同类，不论血统关系的远近。

背部孵卵的负子蟾

负子蟾是南美热带草原中的一种非常奇特的两栖动物，属于无尾目负子蟾科。负子蟾的头是三角形的，眼睛很小，头上没有耳后腺，嘴里没有舌头和齿，后肢的趾间有发达的蹼，趾上有爪。它是以水为生的动物，不到万不得已是不肯离开水面的。

更奇特的是负子蟾的繁殖方式。在产卵的时候，雌蟾背部的皮肤变得像海绵一样柔软，上面还有许多小窝，这是它为下一代准备的"育儿室"。雌蟾将卵带弯曲到背部，雄蟾压住卵带，把卵挤压出来。卵分散在母体背部皮肤所形成的蜂窝状的小凹陷中，正好一个小窝一个卵；雌蟾还分泌一种胶状物质，把卵盖起来，防止卵掉出来。卵在里面孵化并发育成小的负子蟾。小窝的壁通过微血管网分泌出必要的水分和营养物质。雌蟾产在背部的卵有50~100个，大约80天后，卵在"育儿室"中就发育成了小负子

负子蟾

蟾。它们从"母亲"的背上纷纷跳入水中,开始独立生活。这时,雌蟾就到石头或植物上擦背,脱去增厚的皮肤。

动物人参——哈什蟆

哈什蟆学名叫中国林蛙,属两栖动物无尾目蛙科。主要分布在我国东北、华北和西北地区。

哈什蟆外形很像青蛙,尖头长腿,草绿色或褐色的背,乳白色的肚皮,上面还有一些红色斑点,两眼后面各有一块三角形的黑斑。雄蛙较小,雌蛙较大。哈什蟆4月下旬至9月下旬,完全生活在陆地上,喜欢居住在阳光较弱而又潮湿的山林阴坡。9月末至次年3月下旬,在水中生活。秋后入水,冬季冬眠。哈什蟆的主要食物是昆虫。

哈什蟆

清明以后,哈什蟆进入产卵期,雌哈什蟆每次产卵约5000个。几天以后,卵就变成青灰色带有斑纹的蝌蚪。过了3个月,小蝌蚪就变得和"父母"一样了。

哈什蟆除了味道鲜美之外,它还能生产哈什蟆油,哈什蟆油是一种高级补品,哈什蟆油并不是油,而是雌哈什蟆输卵管的干制品,能滋补身体、治疗神经衰弱,产妇出血和产后无乳症等。

生有三只眼的楔齿蜥

楔齿蜥又叫喙头蜥,是新西兰特有的古老爬行动物。它的模样有点像蜥蜴,又有点像鳄,乍一看,它的嘴巴像鸟喙,所以人们又叫它喙头蜥。楔齿蜥的身上是淡棕绿色的。鳞片上有小黄点。它的躯体长30~60厘米,嘴里长着小锯齿一样的小牙,背上有一列锯齿样的东西,从脖子一直延伸到尾巴。楔齿蜥能活 100 岁左右，可以称得上是"寿星"了。

楔齿蜥曾在三叠纪和侏罗纪时就广泛分布于全世界，其古老性大大超过中生代的恐龙。它的主要原始特点表现在：具有犁骨齿，雄蜥没有外生殖器官，头顶上有"颅顶眼"。从构造看，虽然这只眼保存了角膜、水晶体和视网膜，但只能接受光的刺激，不能当作视觉器官使用，已经退化了。

楔齿蜥

楔齿蜥的另一个奇特之处是，幼蜥要经过 15 个月才能孵化出来，时间之长是所有卵生动物中少见的。小楔齿蜥的生长非常缓慢，它从出壳开始必须经过 20 年才能达到性成熟阶段，现代人类又大量捕杀楔齿蜥，所以，它们的灭绝之日也并不遥远了。

"会哭"的娃娃鱼——大鲵

娃娃鱼不是鱼，而是一种两栖动物。它长着一副怪样子：头大，扁圆而宽，嘴也大，眼睛很小，尾巴很扁。身体呈棕褐色，皮肤润滑无鳞，长着 4 只又短又胖的脚。全身光条条的，前肢很像婴儿的手臂，叫声也很像婴儿啼哭，所以俗称娃娃鱼。它的学名叫大鲵。娃娃鱼是鱼类和爬行动物之间的过渡类型，它有四肢，用肺呼吸，但由于发育不完善，还要借湿润的皮肤来辅助"呼吸"。这证明了现代的陆生动物是由古代水生动物进化而来的。

娃娃鱼的生活习性很奇怪，它生活在山区清澈而湍急的溪流中，居住在石缝或岩洞中，白天睡觉，晚上出来捕食鱼、虾、昆虫、蛇、蛙等。它的牙齿不能咀嚼，将食物吞下后，在胃里慢慢消化。它可以几个月不吃东西也饿不死，有冬眠的习惯。

娃娃鱼

现在世界上生活的娃娃鱼除我国的大鲵外，还有日本的大山椒鲵和美国的隐鳃鲵。我国的娃娃鱼共有120多种。

稀有的科莫多龙

科莫多龙非常像早已绝迹的恐龙，因它只生在印度尼西亚的科莫多岛上，因此得名。其实，它是一种巨型的蜥蜴。它身长可达4米，体重

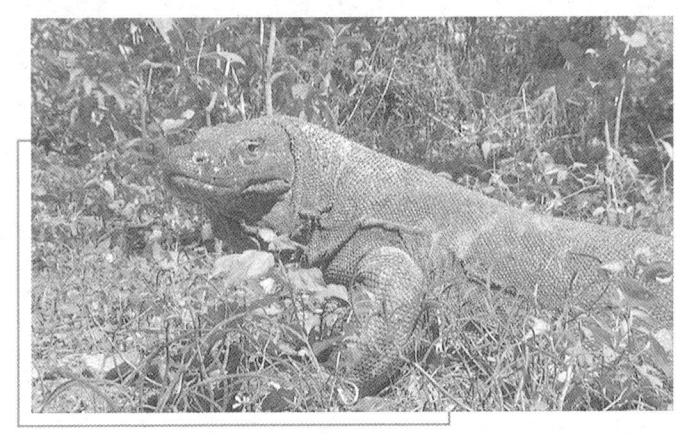

科莫多龙

为 100 千克左右。巨大的头，没有耳壳，头后却长着一个大耳孔。它是个"聋子"，连巨大的爆炸声也听不见，它还是个"哑巴"，即使争斗时，也只能发出轻微的嘶嘶声。它的 4 只脚短而健壮，能在草丛和地面快速爬行。

科莫多龙是食肉动物，专门捕食鹿、羊、猴、小鸟和昆虫等。它的舌头又细又长而且分叉，是它的嗅觉器官。它常常边走边舔舌头，悄悄地跟踪猎物，猛地用大尾巴将对方击倒，然后张开大嘴，用锋利的牙齿咬嚼吞食。

科莫多龙是卵生的，每年产蛋 5~20 个，小科莫多龙过了 4 岁就能捕食了。科莫多龙是地球上残存下来的远古爬行动物的后代，现在只剩下 700 多条了。

奇怪的角怪

角怪的学名叫崇安髭蟾，又叫胡子蛙，是我国特有的两栖动物。角怪分布在四川峨眉山和福建武夷山地区。

雄性髭蟾的上唇两边，生有一对黑色的角质刺，坚硬得像玫瑰花上的刺。角怪的眼珠上半边呈黄棕色，下半边呈蓝紫色，瞳孔是纵置的，会随

交配中的角怪

着光线的强弱缩小或放大,像猫的眼睛一样,在强光下,瞳孔缩成一条纵缝。

角怪的生活习性也怪,它的后肢短,前肢长而有力,白天躲在溪流附近的石缝草丛和树洞里,晚上出来找食物,它主要吃昆虫、蛞蝓、蜗牛等。角怪在其他蛙类冬眠的时候出来产卵,那灰白色的卵就黏附在临近水面的石块上。卵在寒冷的溪水中,要经过一个月左右才能孵出小蝌蚪。小蝌蚪要经过两个冬天才能长出四肢,变成小角怪。

"活的晴雨计"——青蛙

青蛙是水陆两栖动物,它是消灭害虫的能手,每天能吃 70 多只害虫,一个月就能消灭 2000 多只,一年足足能吃掉 15000 只害虫。

青蛙有着一张大嘴和一条长而分叉的舌头。它不是长在口腔的后部,而是长在下颌的前面,舌头翻向咽喉。捕捉飞虫的时候,它突然把舌头翻出口外,飞虫一碰上它,就被黏液牢牢粘住了,青蛙将舌头快速翻转,飞虫也就进肚了。青蛙的眼睛只能看见运动着的物体,而看不见静止的物体。

青 蛙

青蛙不仅是捕猎害虫的能手,而且还是气象哨兵呢。根据它的叫声,能预示天气的阴晴。

捕捉害虫的能手——蟾蜍

蟾蜍俗称癞蛤蟆,是常见的两栖动物。它长得很丑陋,在黑褐色的皮肤上长了许多疙瘩,这些都是皮肤腺,能分泌出使皮肤表面保持湿润的黏液,也能分泌出乳白色浆液。特别是头部一对胖大的耳后腺,放出的乳白色毒液,会毒死猫、狗一般大小的

蟾 蜍

动物。蟾蜍行动缓慢,但谁都不敢惹它,它尽可以大摇大摆地爬行。

蟾蜍喜欢吃蝼蛄、金龟子、象鼻虫等害虫。有人做过统计:一只蟾蜍在3个月内吞吃了10000多只昆虫,可见,蟾蜍是人类的朋友。蟾蜍的皮肤腺里分泌的白色浆液,能提取"蟾酥"。这是医药中的珍品,有强心、镇痛、止血和治疗疮疾等功效。用蟾酥配制成的六神丸,是名闻中外的中药。

蛇中的"骏马"——响尾蛇

响尾蛇是生活在美洲、非洲的一种毒蛇。当它碰上敌害和小动物的时候,就剧烈地摇动自己的尾巴,发出"嘎啦嘎啦"的声音。

响尾蛇的身体呈黄绿色,背上有菱形的黑褐色斑纹。它在荆棘和草丛中的行进速度非常快,被誉为"蛇中的骏马"。响尾蛇的两只眼睛亮晶晶的,但视力并不好,可是响尾蛇能在黑暗中准确迅速地追捕食物,这是因为响尾蛇的头部、眼睛和鼻孔间有颊窝,它能感觉到1/1000度的温度变化,因而在漆黑的夜里也能发现动物,并且能百发百中地捕获。响尾蛇主要吃

鼠、野兔、也吃小鸟、蜥蜴和其他蛇。

响尾蛇的尾巴尖长着一种角质链状环,围成一个空腔,角质膜又把空腔隔成两个环状空泡,仿佛是两个空气振荡器,当响尾蛇不断摇动尾巴的时候,空泡内形成

响尾蛇

了一股气流,一进一出地来回振荡,空泡就发出响声了。

巨大的蟒蛇

蟒是蛇类中体形最大的,属于蛇目蟒科。世界上最大的蟒蛇是产在南美森林中的水蟒,也叫森蚺,体长9.9米,腹部最粗直径35厘米左右,体重达300千克。蟒是无毒蛇,又粗又大,身上的斑纹非常美丽。这种蛇是很原始的,因为它的肛门两侧还残留着一对蛇脚。它的眼睛永远是睁着的。它的舌头代替了鼻子,能分辨周围的气味,但不能分辨酸、甜、苦、辣的味道。

蟒蛇生活在亚洲南部热带和亚热带地区的树林中或溪水旁,主要食物

蟒　蛇

是鹿、麂和大型鸟类。它常缠绕在树上，一旦鹿、麂走近，它就采取突然袭击的方式，一口咬住对方，很快就将其缠死了，然后整个吞下。蟒蛇嘴的关节是用韧带连接的，可以自由伸缩。吞吃食物时，它可以把嘴巴张大到130度，甚至180度的角度，来吞吃比自己的头大好几倍的动物。

高等爬行动物——鳄鱼

鳄鱼是世界上最丑陋、最凶残的动物之一，但也是现代爬行类中身体结构最高级的动物，属于鳄目鳄科。

鳄 鱼

鳄鱼长脸大嘴，满口尖利的牙齿，扁圆形的身体外面披了一层厚厚的胄甲，尾巴又长又粗，4条腿却又粗又短。鳄鱼用肺呼吸，心脏分为4个室，它的口腔顶壁有一块骨质的颚，把鼻腔和口腔隔开；它的牙齿只生在上下颌的齿槽内，这都和哺乳动物相似。独特而有趣的是后颚部生有肌肉质的褶膜，称为"颚帷"，它把口腔和鼻咽道隔开。当鳄鱼在水中张口时，只要把鼻孔露在水面上，就能进行呼吸。它的鼻孔和眼睑都能自由关闭，这些都是对水生生活的巧妙适应。

过去有人用"鳄鱼的眼泪"来形容伪君子的怜悯，其实，鳄鱼流泪是为了排出体内多余的盐分，正巧它排盐的腺体长在眼睛附近，它吞吃动物时，正在排出盐分，因此人们误认为它流泪。

鳄鱼吃多种动物，有时也袭击人。世界上现存的鳄鱼有25种，大部分生活在热带和亚热带的水域中。其中湾鳄最大，而我国的扬子鳄最小。

"土龙"——扬子鳄

扬子鳄也叫中华鼍，是世界上最珍贵的动物之一，因为产在我国的扬子江（长江）而得名，当地人称它为"土龙"。扬子鳄的模样十分迟钝：头颈短而粗，头好像直接长在躯干上，无法转动；它的4条腿又短又粗，支撑着沉重的身体，活动起来不大灵活。它的尾巴又硬又粗，是它捕食的武器。

扬子鳄是鳄鱼中体型最小的一种，它和一般的鳄鱼还有两个不同之处：一是它不像一般鳄鱼那样长年生活在水中，而是营巢定居。说

扬子鳄

明它留在陆地上的时间较多；二是它能发出吼声，这是一般鳄鱼所不具备的。因为扬子鳄的口腔与咽部之间有口盖膜与咽膜上下相连形成的类似声带的东西。求偶和下雨时，它便发出吼声。

扬子鳄每年从10月开始冬眠，直到第二年3月才出来活动。现已被列为国家一级保护动物。

蛇之煞星——眼镜蛇

眼镜蛇主要分布于印度经东南亚至菲律宾和印度尼西亚一带，在海拔1800～2000米的山林的边缘靠近水的地方生活。它体型较大，最长达6米，在它黑、褐色的底色上间有白色条纹；它的腹部颜色为黄白色。幼蛇为黑色，并有黄白色条纹，是世界最大的前沟牙类毒蛇。

眼镜蛇喜欢独居。白天出来捕食，夜间隐匿在岩缝或树洞内歇息。它不仅非常凶猛，靠喷射毒液或扑咬猎物获取食物，而且也是世界上最大的一种前沟牙类毒蛇。眼镜蛇之所以名闻遐迩，是因为它除了捕食老鼠、蜥蜴、小型鸟类，同时还捕食蛇类，包括金环蛇、银环蛇、眼镜蛇等有毒蛇种。

眼镜蛇属卵生动物，通常用落叶筑成巢穴，每年7～8月间产卵，每次产20～40枚卵于落叶所筑巢中，卵径达65.5毫米×33.2毫米。雌蛇有护

卵性，常时间盘伏于卵上护卵，孵出的幼蛇体长为50厘米。

因为眼镜蛇肉质鲜美，蛇皮可制成工艺品，蛇毒、蛇胆又有极高的药用价值，所以在野外被发现的眼镜蛇往往被人捕杀，如不及时采取保护，有灭绝可能。

眼镜蛇

在毒王榜上排名第九，专以吃蛇为生的眼镜蛇令众多蛇类闻风丧胆，它的地盘休想有它蛇生存。一旦它受到惊吓，便凶性大发，身体前部高高立起，吞吐着又细又长、前端分叉的舌头，头颈随着猎物灵活转动，猎物想逃，可没那么容易！最可怕的是，即使不惹它，它也会主动发起攻击。被它咬中后，大量的毒液使人不到1小时就死亡。

我国分布最广的龟——乌龟

乌龟俗称中华草龟，是我国龟类中分布最广，数量最多的一种。它全身是宝，具有较高的食用、药用和观赏价值。

乌龟体为长椭圆形，背甲稍隆起，有3条纵棱，脊棱明显。头顶黑橄榄色，前部皮肤光滑，后部具细鳞。腹甲平坦，后端具缺刻。颈部、四肢及裸露皮肤部分为灰黑色或黑橄榄色。雄性体型较小，尾长，有臭味。雌性背甲由浅褐色到深褐色，腹甲棕黑色，尾较短，体无异味。乌龟

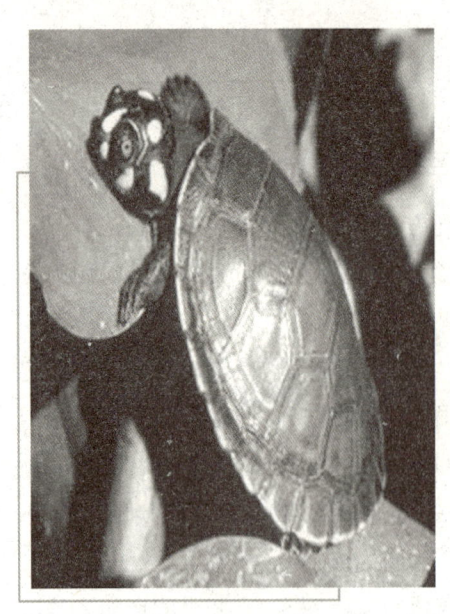

乌 龟

对环境的适应性强，水质条件要求比较低，对不良水质有较大的耐受性，高密度养殖时，无互相残杀现象，患病率低。乌龟用肺呼吸，体表有角质发达的甲片，能减少水分蒸发。性成熟的乌龟将卵产在陆上，不需要经过完全水生的阶段。乌龟属杂食性动物，在自然界中，动物性饲料主要为蠕虫、小鱼、虾、螺蛳、蚌、蚬蛤、蚯蚓以及动物尸体及内脏、熟猪血、腐肉等；植物性饲料主要为植物茎叶、瓜果皮、麦麸等。

曾经地球的统治者——恐龙

恐龙是生活在距今 2 亿到 7000 万年前的一类巨大的爬行动物。它们种类繁多，形态各异。有生活在海洋里的鱼龙和蛇颈龙；有在天空中飞翔的飞龙、翼手龙；在陆地上也有各种各样的恐龙：有食肉的霸王龙、剑龙、角龙、曲甲龙等；有食素的溪龙、鸭嘴龙、甲龙、雷龙等。不论是在海

恐龙复原图

洋、陆地还是在天空，各种恐龙占据了霸主地位，在它们生活的时代，恐龙是地球的统治者。最大的恐龙骨骼是在美国科罗拉多台地的干枯的河床里发现的，它体长 24 米，重约 80 吨，高达 15～18 米，仅脖子就有 12 米长，大概生活在 1.4 亿年前的侏罗纪后期，是吃高树枝上嫩叶的素食恐龙。最小的恐龙像鸡那么大。最凶残的要算霸王龙了，它身长 17 米，站立起来有 6 米高，要是张开血盆大口，能一口吞下像篮球那么大的东西。它还长着匕首般的牙齿，专门捕食那些吃素的恐龙，手段相当残忍。

恐龙在地球上辉煌了 1.3 多亿年，对于那个失落的世界，我们只能发挥自己的想象力了。

鱼类动物

概 述

鱼类是最古老的脊椎动物。它们几乎栖居于地球上所有的水生环境——从淡水的湖泊、河流到咸水的大海和大洋。

鱼类是终生生活在水中,用鳃呼吸,用鳍辅助身体平衡与运动的变温脊椎动物。已探明的约2000余种,是脊椎动物亚门中最原始最低级的一群。

鱼类一般分无颌和有颌两大类。

无颌类:脊椎呈圆柱状,无上下颌。起源于内胚层的鳃呈囊状,故又名囊鳃类;脑发达,一般具10对脑神经;有成对的视觉器和听觉器。内耳具1或2个半规管。有心脏,血液红色;表皮由多层细胞组成。偶鳍发育不全,有的古生骨甲鱼类具胸鳍。对无颌类的分类不一,一般将其分为:盲鳗纲、头甲鱼纲、七鳃鳗纲、鳍甲鱼纲。

有颌类:具上下颌。多数具胸鳍和腹鳍;内骨骼发达,成体脊索退化,具脊椎,很少具骨质外骨骼。内耳具3个半规管。鳃由外胚层组织形成。由盾皮鱼纲、软骨鱼纲、棘鱼纲及硬骨鱼纲组成。其中盾皮鱼纲和棘鱼纲只有化石种类。分布在世界各地,主要栖息于低纬度海区,个别种类栖于淡水。现存种类分属板鳃亚纲和全头亚纲。板鳃亚纲约600余种,中国约180种,以南海为多。全头亚纲有3科6属约30余种,中国约2科3属约5种。硬骨鱼纲内骨骼已骨化,具骨缝,头部常被膜骨,体被硬鳞或骨鳞。是现生鱼类最繁茂的一大分支，可分为总鳍亚纲、肺鱼亚纲和辐鳍亚纲等3亚纲。辐鳍亚纲是最多的一个类群。其中，鲈形目种类最多，除鲤形目分布于淡水、鲑形目多为溯河性鱼类外，其他各目主要分布在海洋。当今，世界渔业生产中以鲱形目和鳕形目的产量最高，鳕类次之，两者产量接近当年世界渔业总产量的一半。中国近海的硬骨鱼类有2000多种，淡水硬骨鱼类有700多种。

形形色色的鱼类

江河中的"魔王"——电鳗

电鳗是生活在南美洲的亚马逊河和俄利诺科河中的一种会放电的鱼。它的形状有些像鳗，有人腿那么粗，身长2米多，重20多千克，身体光滑无鳞。因为它的肛门长在喉部，所以尾巴显得很长，大约占体长的4/5。

电鳗是河湖里的"魔王"，当它寻找食物和遭到袭击的时候，就立即放电，即使像鳄鱼那样凶狠的动物，也会被它电得半死不活的，更多被它电死的鱼、蛙等，它一顿都吃不了。电鳗之所以能放电，是因为在它的尾部两边皮下，各有一对发电器。电鳗发电的电压最高可达550~800伏，在水里的有效范围是3~6米，是现在所有生存的鱼类中发电能力最强的。它可以将水中的人，过河的牛和马击毙。电鳗每放一次电后，要24小时才能再次放电。

能治疗风湿病的电鳐

电鳐的模样很怪，扁平的身子，头和胸部连在一起，浑身光滑无鳞，后面拖着一条肉滚滚的粗棒般的尾巴，整个身体像一把厚厚的团扇。背前方长着一对小眼睛，腹面前端生有一张小嘴，两侧各有5个鳃孔，长约1.6米，宽约1米。主要生活在太平洋、大西洋、印度洋等热带和亚热带海域里。

电 鳐

在电鳐的头侧和胸鳍之间,有一对卵形的发电器,能发电对付敌害和捕捉鱼虾。人如果在海洋里碰上它,身体会像受到剧烈打击一样,突然抖动起来。然而,这种电流刺激却能治疗风湿病、癫狂病等,所以电鳐又是治疗风湿病的"医生"。电鳐凭着自己的"电武器",在海洋里几乎是无敌的。

电鳐的种类很多,发电能力也各不相同,最大的一次发电的电压有200伏,最小的一次只能发出37伏的电压。

会飞的鱼——飞鱼

飞鱼是一种能够跃出水面滑翔飞行的鱼。飞鱼有一对又长又大的胸鳍,伸展开就像鸟儿的两只翅膀一样,相当于身体长度的2/3。它还有一对腹鳍紧贴在身体的两侧,飞鱼起飞前,先挥动鱼鳍,尾巴左右猛烈地拨水摆动,快速地游泳。快接近海面时,就将胸鳍和腹鳍贴在身体的两边,然后用强有力的尾巴剧烈地摆动,使它产生一种后助力量,推进鱼体破水而出。它一出水面,就立刻展开胸鳍,迎着海面上的气流滑翔飞行。飞鱼每秒种能滑行10～20米,滑行高度4～6米,最高可达12.5米。飞鱼滑翔飞行,还得到了风的帮助,顺风时,它可以飞得更高更远,飞鱼只有在遇到大鱼追捕时才不得不飞出海面,不过,这一飞也不

飞　鱼

安全，有可能会掉进在水面上飞行的海鸟嘴里。

会爬树的鱼——攀鲈

攀鲈是一种能离开水，在陆地上爬行的鱼。它生活在我国南方、印度、缅甸和菲律宾的淡水河湖中。它个子不大，每当旱季河水快要干涸的时候，

攀　鲈

它就会离开水，用鳃盖上的钩刺顶着地面，依靠胸鳍和尾巴，慢慢地爬行，有时能爬得很远，甚至还会爬到树上。

攀鲈鳃腔内的背部，生有像木耳一样的褶状的薄膜，动物学上叫作鳃上副呼吸器，可以协助鳃呼吸。因为在薄膜上有许多微血管，空气里的氧气可以通过这些微血管进入血液，并排出二氧化碳，起到呼吸作用。

"游泳冠军"——剑鱼

剑鱼是一种凶猛的大型食肉鱼。它的体长3～5米，重400千克。上颌突出很长，骨质坚硬，好像一把利剑，尾巴为半月形，幼鱼的上下颌都生有牙齿，长大后牙齿会自行消失。

剑鱼喜欢生活在大海的上层，它是动物中的游泳冠军，每小时最快可游119千米，连最快的轮船也望尘莫及了。

剑鱼性情凶猛，它常常追逐鱼群，到处乱撞，用它的长箭去刺杀鱼类。有时还潜到500～800米的深海中追捕鱼类。一旦它发起怒来，还会冲向鲸鱼、木船和汽艇。它凭借着锐利的长箭，加

剑 鱼

上速度快，冲击的力量大，同船舰相撞，就算钢板也会被穿透。第二次世界大战期间，英国的油船"巴尔巴拉号"在大西洋航行过程中，就被剑鱼刺穿了好几个洞。

奇怪的四眼鱼

四眼鱼的两眼突出在头部，看上去好像两只圆泡泡，每只眼睛由一条水平的黑色的带，分隔成两半，每部分各有不同的构造，各有自己的焦距。平时在水表层游动，眼睛的上半部分露出水面，是远视眼，能看到空中飞

行的昆虫，可以捕食。眼睛的下半部分浸没在水面下，是近视眼，能够看到水中的东西，逃避敌害的侵犯。这种鱼在水面上成群地游泳的时候，水面正好与那条眼睛的黑色水平带相吻合。

四眼鱼生活在淡水中，大约有15厘米长，身体半透明。母四眼鱼能直接生出幼鱼，而不像一般的鱼那样，先产卵，再孵化出幼鱼。

四眼鱼

"水枪射击手"——射水鱼

射水鱼是一种色彩鲜艳的奇怪小鱼，生活在玻利尼西亚的河流、小溪里。它体长仅有20厘米左右，长着一对金鱼般凸出的眼睛，眼白上有一条条不断转动的竖纹。这种鱼擅长一套高明的射水"枪法"，依靠这一手可以击落岸上或空中飞舞的昆虫。

射水鱼

射水鱼一旦发现有可以捕捉的对象。它便把嘴唇上的小槽对准昆虫的方向，先进行瞄准。射击时张开下鳍，使身体和水面成垂直线，嘴尖突出水面之上，突然压缩鱼鳃，准确地喷射出一股水流，一下子把昆虫打落到水里，再一口把虫吞下。它不但能击中停息的昆虫，还会射中1米内飞行的昆虫呢！不愧为优秀的"水枪射击手"。它不仅能把苍蝇、蝴蝶、蜜蜂之类的小昆虫击落，甚至还能把人的眼睛打伤。有趣的是，当水弹快要打中目标时，就分散成好多小水弹，这就更容易击中目标了。射水鱼的最远射程可达3米。

古怪的鱼类——海马

海马是一种奇形怪状的鱼，它的外貌和游泳姿势与其他鱼截然不同。它的头像马，身体由许多块骨板组成，能灵活地伸屈；骨板上还有许多突起，有的呈刺状，有的呈带状；胸鳍很小，背鳍却像一把绢扇，在水中摆动；长尾由许多节组成，伸缩自如。它游泳时，靠背鳍和胸鳍剧烈扇动，直立前进，好像人走路的样子。有时它也用尾部展伸，弹跳向前游动。它的嘴像一根吸管，捕食小型甲壳动物时连水带物一起吸进去。由于海马具

海 马

有特殊的体形及活动方式，大鱼往往错将它当作水草的一部分，放弃袭击的机会。

海马生儿育女的方式也很特别。每到繁殖季节，雄海马的腹部就会形成一个宽大的"育儿袋"，在上面有一个小开口。雌海马将卵产在"育儿袋"中，一次产100粒。大约20天后，雄海马的育儿袋打开；小海马就钻了出来。这种奇妙现象叫"雄海马当妈妈"。

海马也是一种名贵的药材，能够治疗咳嗽、妇女难产、毒疮等疾病。

眼睛长在一边的比目鱼

比目鱼又称"偏口鱼"。比目鱼喜欢单独躺在海底，上面颜色深，长着两只眼睛，下边颜色淡，不长眼睛，它的身体扁平，游泳时只能做侧面运动，身体上下弯曲，波浪式前进。

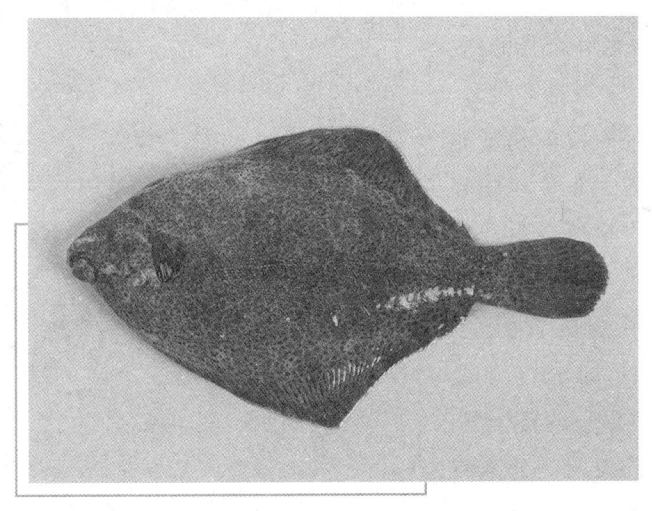

比目鱼

其实，刚孵出的小比目鱼和普遍的鱼一样，双眼长在头部两侧。它们生性活泼，常游到水面上玩耍。大约在出生20天以后，小比目鱼开始侧着身子游泳，并较长时间躺在海底，天长日久，就使比目鱼那只靠近砂地的眼睛发生变化，眼睛下的软带不断增长，并渐渐向上移动，最后和上面那只眼睛并列，这时，上移的眼睛生成了眼眶骨，从此不再挪动位置，形成了双眼长在一边的怪模样；与此同时，向上侧的皮肤颜色逐渐变深，与生活环境极为相似，有利于隐藏自己，既可躲避敌害，又可使小鱼小虾放松警惕，成为比目鱼的食物。比目鱼能随着周围环境的改变而变换体色，这也是它的一种特殊本领。

喜欢打架的斗鱼

生活在中南半岛和我国南方河流里的斗鱼，体色鲜艳又好斗，是著名的观赏鱼。它身长不过7~8厘米，全身浅绿，上面有12条黑色斑纹，会发出金黄色的闪光。小嘴巴，大眼睛，鳍条柔长如丝，我国的南方人又叫它"花毛巾"。

斗鱼把打斗当成家常便饭，两条雄鱼碰到一块就要搏斗，张开全身的鳍，互相撕咬，杀得难解难分，其结果不是两败俱伤就是一方被咬死。斗鱼在争斗时，全身的颜色会由浅绿色变成红色，再变成红里透紫、最后变成青黑色，闪光的金色更加灿烂夺目。

在斗鱼繁殖的夏季里，雄斗鱼披着美丽的外衣寻找自己的伴侣，还不时从嘴里吐出一团团黏性气泡，

斗　鱼

筑成浮巢。雌斗鱼向雄斗鱼表示满意时，在自己褐色的身躯上也露出一些灰色条纹。这时，它们双双游到巢边，进行产卵仪式，雄鱼把受精卵用嘴送到浮巢内，然后将雌鱼赶走。在巢边独自守护，直到幼鱼孵化出来为止。

长鼻子的白鲟

白鲟又叫象鱼、象鼻鱼，是生活在我国长江里的世界上最大的淡水鱼，可称得上是稀世珍宝，被列为国家一级保护动物。

白鲟的头很尖，吻部长而尖，有一个能伸缩的弧形嘴巴，还有一对须。整个身体呈梭子形，它的骨骼大都是软骨质，鳞片却是坚硬的骨板，成五菱形排列在身体表面，所以它属于软骨硬鳞鱼类，构造原始。白鲟的身体长2~3米，重200~300千克，最大的体长达7.5米，体重有1000千克。

白　鲟

白鲟性情非常凶猛，专吃各种鱼类，还吃些虾、蟹之类的小动物。平时喜欢在江河中层独自居住，到了刮风涨潮的时候，异常活跃。白鲟也是我国特有的大型经济鱼类，它的肉和卵可以吃，鱼鳔和脊索可以制成鱼胶。寿命为20~30年。

产卵最多的鱼——翻车鱼

翻车鱼是世界上最重的硬骨鱼，它和一般鱼长得不一样，头和身体分不清楚，好像一只大鸭蛋。不过它不是椭圆形的，而是左右扁平的。它的背鳍和臀鳍一上一下高大相对，没有腹鳍，身体的后半段好像被一刀切去，只留下头部似的，所以又叫它头鱼。它的嘴巴小，牙齿咬合像一块板，行动迟钝。一条成年翻车鱼大约有1.5米长，最长的有5.5米，重达1400千克。

翻车鱼还是世界上产卵最多的鱼，一条母翻车鱼一次产卵量最多时有3亿粒，每粒直径大约1.27毫米，不过真正能

翻车鱼

孵出幼鱼的卵不是很多，因为大部分卵没有受精而成为废卵，还有大量的卵被其他鱼类吞食。刚孵出的幼鱼也和其他鱼类一样，不过长大了，就变成了和它父母一样的怪模样了。

游泳健将——旗鱼

旗鱼是世界上游得最快的鱼，它大约有2米多长，有剑状的上颌作为工具，它的第一背鳍特别发达，长得很大，像面迎风飘扬的旗帜，所以人们叫它旗鱼。它生活在海洋的上层，在海洋表层游泳时，背鳍常常露出水面，仿佛像一条竖着帆的小船。旗鱼的背鳍作用可大了，能够自由升降，当它快速游泳时，将背鳍降落在基部下陷的沟里，可以减少阻力，如果要减慢

旗　鱼

游泳速度，旗鱼又将背鳍高高竖起。旗鱼是著名的游泳健将，它每小时可以游 10969 千米，是游得最快的鱼。旗鱼的种类很多，分布在太平洋、大西洋和印度洋。

世界上最大的鱼——鲸鲨

鲸鲨不是鲸，而是一种鲨鱼，因为它身体巨大像鲸鱼，所以叫它鲸鲨。最大的鲸鲨，身长有 20 米，体重可达 20 吨，相当于 4 头大象加起来的重量。鲸鲨的身体呈灰褐色或青褐色，有许多黄色的斑点或横纹。鲸鲨虽然身体巨大，但它的牙齿却很小，因此只能靠吞食海洋里的小生物为生。鲸鲨常用自己宽大的头部将海水划开，有节奏地张开和关闭它的大嘴巴，不停地在水面上下浮沉，这就是鲸鲨在吞食大量小生物时的情景。

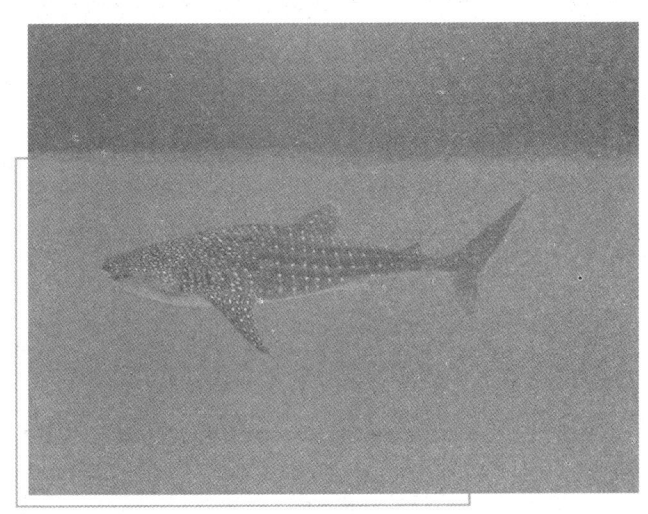

鲸 鲨

鲸鲨生活在热带和温带的大海之中，也会游到我国的南海和东海等处。它性情温和，从不伤人，是一种温顺的观赏动物。鲸鲨的经济价值很高，肝脏特别大，约占体重的 1/4，加工后的肝油，可做机器油和肥皂，皮可以制皮革，肉、骨头和内脏可制成鱼粉，作饲料喂牲口。

"水中恶魔"——食人鱼

食人鱼生活在安第斯山脉以东、南美洲的中南部河流,巴西、圭亚那的沿岸河流。在阿根廷、玻利维亚、巴西、哥伦比亚、圭亚那、巴拉圭、乌拉圭、秘鲁及委内瑞拉都有发现的记录。

食人鱼(又名食人鲳)栖息在主流、较大支流,河宽甚广、水流较湍急处。在巴西的亚马逊河流域,食人鱼被列入当地最危险的四种水族生物之首。在食人鱼活动最频繁的巴西马把格洛索州,每年约有1200头牛在河中被食人鱼吃掉。一些在水中玩的孩子和洗衣服的妇女不时也会受到食人鱼的攻击。食人鱼因其凶残特点被称为"水中狼族""水鬼"。成年食人鱼主要在黎明和黄昏时觅食,以昆虫、蠕虫、鱼类为主,但其有些相近种只吃水果和种子。食人鱼的活动以白天为主,中午会到有遮蔽的地方休息。

食人鱼

成熟的食人鱼雌雄外观相似,具鲜绿色的背部和鲜红色的腹部,体侧有斑纹。有高度发展的听觉。两颚短而有力,下颚突出,牙齿为三角形,尖锐,上下互相交错排列。咬住猎物后紧咬着不放,以身体的扭动将肉撕裂下来,一口可咬下16立方厘米的肉。牙齿的轮流替换使其能持续觅食,而强有力的齿列可严重地咬伤猎物。

繁殖期时,食人鱼会将卵产在水中的树根上,卵具黏着性。一次可产上千颗的卵。亲鱼会有护卵的行为，受精卵在 9~10 天之后孵化。河水的泛滥情形会影响其繁殖的成功率。

如果猎物在水中保持静止，食人鱼就不能发现猎物。即使在猎物身上有伤口的情况下也不例外。因为食人鱼对人或动物的攻击并不是依靠灵敏的嗅觉，而是凭借着水花和水里的波动感觉猎物的存在。

食人鱼常成群结队出没，每群会有一个领袖，其他的会跟随领袖行动，连攻击的目标也一样。在旱季时，水域变小，使得食人鱼集结成一大群，经过此水域的动物或人就容易受到攻击。

美味的大黄鱼

大黄鱼别称黄花、大鲜、黄瓜鱼、大黄花鱼，是我国近海主要经济鱼类。为传统"四大海产"（大黄鱼、小黄鱼、带鱼、乌贼）之一。

大黄鱼分布于黄海中部以南至琼州海峡以东的中国大陆近海及朝鲜西海岸。雷州半岛以西也偶有发现。

大黄鱼

大黄鱼为暖温性近海集群洄游鱼类，主要栖息于 80 米以内的沿岸和近海水域的中下层。产卵鱼群怕强光，喜逆流，好透明度较小的混浊水域。黎明、黄昏或大潮时多上浮，白昼或小潮时下沉。成鱼主要摄食各种小型鱼类及甲壳动物（虾、蟹、虾蛄类）。生殖盛期，摄食强度显著降低；生殖结束后，摄食强度增加。幼鱼主食桡足类、糠虾、磷虾等浮游动物。

大黄鱼能发出强烈的间歇性声响，同时对音响也很敏感。它的主要发音器官是鳔及其两侧的声肌。当声肌收缩时,压迫内脏使鳔共振而发声。在生殖季节鱼群终日发出"咯咯""呜呜"的叫声,声音之大在鱼类中少见。这种发声一般认为是鱼群用以联络的手段,在生殖时期则作为鱼群集合的信号。中国渔民早就以此习性判断大黄鱼群的大小、栖息水层和位置,以利捕捞。

珍贵的金线鱼

金线鱼的俗名红衫、红哥鲤、吊三、拖三、瓜三、黄肚,分布于北太平洋西部。产于我国南海、东海和黄海南部,其中南海产量较多、主要渔场有南海北部湾各渔场。

金线鱼

金线鱼的身体长,倒扁,背腹缘皆钝圆,一般体长19~31厘米、体重50~150克。吻钝尖,口稍倾斜,上颌前端有5颗较大的圆锥形齿,上下颌两侧皆有细小的圆锥齿。全体呈深红色,腹部较淡,体两侧有6条明显的黄色纵带。背鳍长,尾鳍叉形,其上叶末端延长成丝状。背鳍及尾鳍上缘为黄色,背鳍中下部有一条黄色纵带,臀鳍中部有2条黄色纵带。

金钱鱼是温水性高原湖泊特有的小型名贵鱼类。生活于18~220米深的海域,喜栖息于沙泥底质地区。肉食性,以小鱼及甲壳类为主。繁殖期在5~6月。分布于云南3个湖泊的金线鱼以滇池最多,自20世纪70年代起,由于污染造成水质富营养化,沿岸居民和工厂从地下水出口洞穴内抽取地下水,且砌石为池,使洞口与滇池的通道隔断,破坏了金线鱼的洄游产卵环境,现在滇池的金线鱼已基本绝迹。抚仙湖和阳宗海的生态环境无多大变化,所以金钱鱼仍可存活。

河　豚

体内有毒的河豚鱼又名气泡鱼,也称鲀鱼、气泡鱼、辣头鱼,是暖水性海洋底栖鱼类,分布于北太平洋西部,在我国各大海区都有捕获。

河豚的身体短而肥厚,生有毛发状的小刺。坚韧而厚实的河豚皮曾经被人用来制作头盔。河豚的上下颌的牙齿都是连接在一起的,好像一块锋利的刀片。这使河豚能够轻易地咬碎硬珊瑚的外壳。河豚大都是热带海鱼,只有少数几种生活在淡水中。河豚一旦遭受威胁,就会吞下水或空气使身体膨胀成多刺的圆球,令天敌很难下嘴。许多种类的河豚的内部器官含有一种能致人死命的神经性毒素。有人测定过河豚毒素的毒性。它的毒性相当于剧毒药品氰化钠的1250倍,只需要0.48毫克就能致人于死地。其实,河豚的肌肉中并不含毒素。河豚最毒的部分是卵巢、肝脏,其次是肾脏、血液、眼、鳃和皮肤。河豚毒性大小,与它的生殖周期也有关系。晚春初夏怀卵的河豚毒性最大。这种毒素能使人神经麻痹、呕吐、四肢发冷,进而心跳和呼吸停止。

与蛇毒、蜂毒和其他毒素一样,河豚毒素也有其有益的一面。从河豚肝脏中分离的提取物对多种肿瘤有抑制作用。人们已经将海豚肝脏蒸馏液制成河豚酸注射液用于癌症临床及外科手术镇痛。

河豚鱼

鸟 类

概 述

鸟类通常是带羽、生蛋的动物,有极高的新陈代谢,所以大部分的鸟类都可以飞。鸟类最先出现在侏罗纪时期,爬虫类和鸟类的始祖究竟是什么生物,在古生物学家中仍很有争议。

全世界现有鸟类8700余种,我国有1183种。绝大多数营树栖生活。少数营地栖生活。水禽类在水中寻食,部分种类有迁徙的习性。主要分布于热带、亚热带和温带。国内的种类多分布于西南、华南、中南、华东和华北地区。鸟类体表被羽毛覆盖,前肢变成翼,具有迅速飞翔的能力。身体内有气囊;体温高而恒定,并且具有角质喙。

鸟类是由古爬行类进化而来的一支适应飞翔生活的高等脊椎动物。它们的形态结构除许多与爬行类相同外,也有很多不同之处。这些不同之处一方面是在爬行类的基础上有了较大的发展,具一系列比爬行类高级的进步性特征。如有高而恒定的体温,完善的双循环系统,发达的神经系统和感觉器官以及与此联系的各种复杂行为等;另一方面为适应飞翔生活而又有较多的特化,如形体呈流线型、体表披羽毛,前肢特化成翼,骨骼坚固、轻便而多有空腔,具气囊和肺,气囊是供应鸟类在飞行时有足够氧气的构造。气囊的收缩和扩张跟翼的动作协调。两翼举起,气囊扩张,外界空气一部分进入肺里进行气体交换。另外大部分空气迅速地经过肺直接进入气囊，未进行气体交换，气囊就把大量含氧多的空气暂时贮存起来。两翼下垂，气囊收缩，气囊里的空气经过肺再一次进行气体交换，最后排出体外。这样，鸟类每呼吸一次，空气在肺里进行两次气体交换，可见，气囊没有气体交换的作用，它的功能是贮存空气，协助肺完成呼吸作用。气囊还有减轻身体比重，散发热量，调节体温等作用。这一系列的特化，使鸟类具有很强的飞翔能力，能进行特殊的飞行运动。

形形色色的鸟类

比翼双飞的极乐鸟

极乐鸟属于雀形目极乐鸟科，是巴布亚新几内亚的国鸟。极乐鸟全身大部分为深褐色，头部为金绿色，身体两侧丛生着深黄色的长绒毛，闪闪发光。尾部当中长着两根长羽毛。极乐鸟有很多种，最著名的是无足极乐鸟、王极乐鸟、蓝极乐鸟、顶羽极乐鸟和带尾极乐鸟。无足极乐鸟长60多厘米，当它们狂欢起舞时，绒羽就竖立起来，形成两面金光灿烂的扇形屏风。蓝极乐鸟羽色鲜艳，雄鸟向雌鸟求爱时，会把自己倒悬在树枝上。顶

极乐鸟

羽极乐鸟头上有两根长达60厘米的羽毛，其中一根是褐色的，另一根上面长着蓝白色的光滑的细绒毛。带尾极乐鸟是最名贵的一种，很不容易捕捉。极乐鸟常常雌雄比翼迎风飞翔，只要有一只被捉住，另一只鸟就会绝食而死。

不会飞的鸟——鹬鸵

鹬鸵又名"几维鸟"，是新西兰唯一保存下来的无翼鸟，它同食火鸡、鸸鹋等都是平胸鸟类的典型代表，因此显得格外珍奇，被新西兰确认为"国鸟"。因为它能发出"几维、几维"的叫声，故名。几维鸟同母火鸡大小相似，它们是不像鸟的鸟类。因为不会飞，只好生活在灌木树丛中。它个儿不大，产的蛋却长12厘米，重400克，相当于自己体重的1/4。几维鸟面上长着须毛，嘴尖而细长，有趣的是鼻孔长在喙的最尖端。夜里出来觅食时，能觉察出藏在泥里的蠕虫。平时它喜欢吃昆虫、蚯蚓、蜥蜴、老鼠和贝类，一次能吃上几十条蚯蚓。它还有从树洞里拖出兔子，从海水里捞鱼的"绝活儿"。几维鸟不怕人，常常冒冒失失地闯进人们的屋里。现在它们已经到了濒临灭绝的境地。

几维鸟

幽雅的天鹅

天鹅是一种非常珍贵而稀有的大型水鸟，属于雁形目鸭科。天鹅体形较大，长达1.5米，全身洁白，嘴黑色，基部淡黄色。有一种疣鼻天鹅，黑鼻子，红嘴巴；还有一种小天鹅，黄嘴巴，体型较小。它们都成群地生活在湖泊和沼泽地带，好像蓝天上飘浮着的朵朵白云。

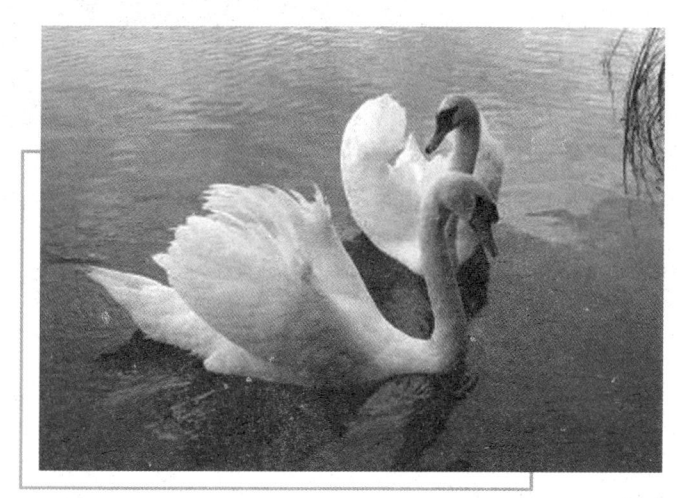

天　鹅

每年春天，天鹅从南方飞到蒙古和我国内蒙古、新疆等地繁殖后代。天鹅妈妈孵蛋时，天鹅爸爸在一旁护卫。一个多月后，小天鹅出世了，再过几天，便学习游泳、捕鱼、扇翅、跳高、练习飞翔。小天鹅也逐渐由浅灰色的"丑小鸭"，变成了高大、幽雅的白天鹅了。

秋天，天鹅在水草丛中脱下旧装，换上新羽，像身披轻纱的白衣仙女。它们成群结队地向长江以南飞去，到南方过冬。天鹅是飞得最高的鸟类，我国著名的天鹅湖在新疆开都河上游巴音布鲁克草原的自然保护区。

守情的鸳鸯

鸳鸯是一种美丽而珍贵的水鸟，属于雁形目鸭科。雄鸟的羽毛华美绚丽，背部褐色，腹部白色；头上长有红的、绿的、紫的和白色的长羽毛，其翅膀生出一对栗黄色的扇状翼羽,直立如帆。雌的比雄的小,头灰、背褐、腹部纯白,翼上没有帆羽。野生的鸳鸯是候鸟。春季,从我国华南一带和长江流域飞到东北和内蒙古等地繁殖,栖息于湖泊和山麓河溪中,吃种子、水草、昆虫、鱼虾和贝类。鸳鸯总是雌雄成对,永不分离,一旦择偶而配,守情一生,丧偶后从此独居。所以,人们把它们看成是真挚爱情和白头偕老的象征。

鸳　鸯

鸳鸯喜欢把巢筑在树洞或地面上、草丛中,它常常飞落在树上,这是它和其他鸭类不同的特殊生活习性。鸳鸯每次产蛋6～10枚,经过21天左右,就可以孵出小鸳鸯来了。

戴"红帽子"的丹顶鹤

丹顶鹤又叫仙鹤,是我国稀有的珍禽。属于鹤形目鹤科。

丹顶鹤

丹顶鹤全身几乎都是纯白色，只是喉、颊和颈部是暗色，头顶皮肤裸露，肉冠是美丽的朱红色，好像是戴了一顶红色的小帽子。它的气管比脖子更细长，好像弯曲的喇叭管，鸣叫时声音宏亮而有回声。丹顶鹤可以活到50~60岁，是鸟类中的"老寿星"。丹顶鹤主要分布在亚洲的东北部和北美洲西部。在我国丹顶鹤的家乡在东北的乌苏里江、松花江和黑龙江中游一带。丹顶鹤以鱼、虾、水虫、贝类、青蛙、谷类和嫩草为食。

丹顶鹤筑巢在芦苇丛里，春季产蛋，每次两个，夏季孵出小鸟。秋冬时，要作季节性的迁徙，飞到南方去过冬。春季，再北返繁殖地产蛋育儿。丹顶鹤举止温雅而有节奏，常展翅引颈，翩翩起舞，是我国自古喜欢饲养的鸟类。

大个子——鹈鹕

鹈鹕是一种较古老的食鱼鸟，主要特征是：长嘴、大翼、短腿和四脚趾间长有蹼。身披白色的羽毛，宽大的翅膀上点缀着黑色条纹。小小的头颅和眼睛，配着一个硕大的嘴巴，下面还持着一个大皮兜，显得很不相称。

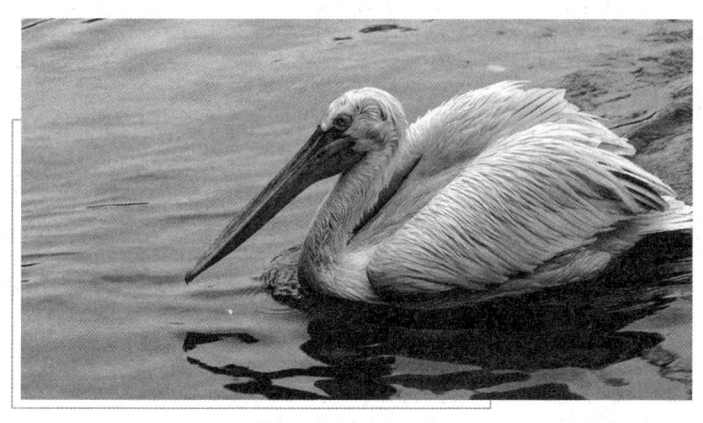

鹈　鹕

鹈鹕是捕鱼的能手，它们栖息在沿海的湖沼、河川地带，常常三五成群，相互合作捕鱼。在湖面上，它排成半圆弧形队，或长列的横队，扇动双翼,拍打水面,把鱼群赶到浅水地方,张大嘴巴,连水带鱼吞进去,然后紧闭嘴巴,收缩"喉袋",将水排出,把鱼吞下,剩下的鱼儿,还可以暂时保存在袋子里。

鹈鹕也是对爱情忠贞不渝的鸟类之一,一旦雌鹈鹕和雄鹈鹕互相都选择了对方,它们就终生厮守,永不变心。鹈鹕在地上筑巢,用杂草和树枝作原料,营巢简单,每年产蛋一枚。

勤劳的园丁鸟

园丁鸟是澳大利亚草原上的一种羽色鲜艳,生活方式十分有趣的鸟类,属于雀形目园丁鸟科,它的主要种类有紫园丁鸟和金园丁鸟。园丁鸟有的躯体为红褐色,头部羽冠为橙红色,有的前半身呈黄色,头上生着光彩夺目的金黄色羽冠,望上去很像知更鸟。

雄园丁鸟具有园丁般的园艺天才和"建筑师"那样的建筑本领,每到生殖期间,雄鸟就开始精心建造引诱雌鸟到来的漂亮的"洞房"。它用树叶、鲜花等作建筑材料搭建一座"凉亭",在入口前面的空地上,特意散缀一层偷来的介壳、花朵、青果等奇怪的小东西。雌雄鸟进入其中举行结婚仪式。在这个婚礼上,琴鸟是园丁鸟的特邀佳宾,充当乐队,使婚礼非常热闹。

园丁鸟

在雌鸟孵蛋期间,雄鸟一点儿也不关心"子女"的事,仍然玩弄它的小东西,还经常外出寻找鲜花,摆在家门口。

"长跑运动健将"——鸸鹋

鸸鹋是澳大利亚特产鸟类之一,也是澳洲最有代表性的走禽类动物。在澳大利亚的国徽上,左边是一只袋鼠,右边是一只鸸鹋。鸸鹋形似鸵鸟,高约一米半,体重50~60千克,是世界上最大的陆地鸟之一。它的翅膀已退化,不能飞翔,但脚很长,有3个趾,善于奔跑。大鸸鹋每小时可走60~100千米,是"长跑运动健将"。

鸸 鹋

鸸鹋又被称为"澳洲鸵鸟",它虽然属于澳洲鸵鸟目鹤鸵科,但它和鸵鸟有很大的区别,鸵鸟的颈部几乎是秃的,鸸鹋的颈部羽毛非常丰满。在毛色上,鸵鸟是黑色或污灰色,鸸鹋是灰色和褐色相间。鸸鹋主要吃树叶和野果,实行"一夫多妻制",筑巢、孵卵、育雏都由雄鸟担任。雌鸟产卵7~16个,卵颜色深绿,极其美观,可以用来作装饰品。蛋重570~680克,相当于15个鸡蛋。奇怪的是雄鸟在孵卵的50天内不吃任何东西。

"戴黄帽子"的食火鸡

食火鸡又名鹤鸵,与鸵鸟、鸸鹋同属平胸总目,是澳洲的另一种光怪陆离的著名的无翼鸟。食火鸡是典型的地面森林鸟类，体高1.8米，只会走不会飞。全身披着黑色的长针形羽毛，头上戴着一个角质的"黄帽子"，颈部露出黄色的皮肤，喉下拖垂着一块红色的肉皮。因传说它能吞食火炭，因此叫食火鸡。

食火鸡的食量很大，非常贪吃，就是石块、铁片或玻璃片也会吞到肚里。它怕见阳光，只在早、晚阳光不强烈的时候外出觅食。

有一种大型的黑色食火鸡，能用锋利的长爪，迅速地将人的肚皮剖开，是食火鸡中的"暴君"。据说，巴布亚新几内亚的土著居民在看到它时，总是格外谨慎，远远地躲开它，以免被"暴君"剖腹。

食火鸡

不孵蛋的营冢鸟

营冢鸟属于鸡形目营冢鸟科，是澳洲及其附近岛屿上生活方式很特殊的一种鸟类。营冢鸟的外形很像鸡，但颈部较长，脚也长并且强健有力。营冢鸟从不孵蛋，在繁殖季节来到之前，雄鸟就开始大兴土木。它把树叶和干草堆到一起，有几米高的时候，雌鸟每隔几天在上面下一个蛋，然后走开。雄鸟马上把泥沙铺在上面，利用树叶腐烂产生的热量孵蛋，雄鸟要保持树叶堆

营冢鸟

里的温度在 33~34℃左右，如果温度高了，就扒开一些泥沙，让里面的热量散发掉一些；温度太低了，就多堆一些泥沙，以提高树叶的温度。就这样，营冢鸟整整要忙上 11 个月，雏鸟才从土下 90 厘米的深处破壳而出。这时，父母儿女将形同陌路，互相避开。

最美丽的鸟——孔雀

孔雀是世界上有名的观赏鸟。它可以分为绿蓝两种孔雀：绿孔雀生活在东南亚和我国云南南部；蓝孔雀分布在印度和斯里兰卡。孔雀属于鸡形目雉科鸟类。

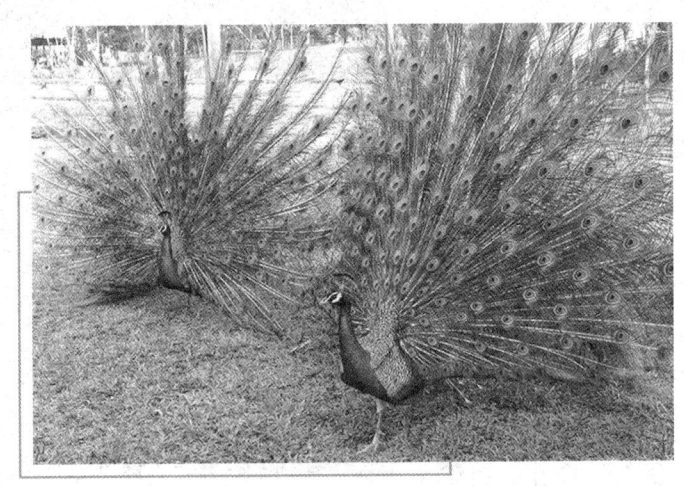

孔　雀

孔雀的羽毛非常美丽，在阳光的照耀下，由于羽毛彩色的反光率不一样，使华丽的羽毛鲜艳夺目，尤其是雄鸟尾部的复羽由短至长依次向后伸，每个复羽的末端都有一个十分美丽的鸡蛋形彩图。

孔雀多成对或小群地居住在热带或亚热带丛林中，主要吃谷物、昆虫、蛇和蜥蜴等。孔雀在繁殖期间，雄孔雀只在原地婆娑起舞，雌孔雀紧紧地尾随着，这就是尽人皆知的"孔雀开屏"。它们以杂草或枯枝在草丛中作巢，通常每窝产 8 个卵，由雌孔雀进行孵化。

孔雀的羽毛华丽珍贵，人们常用来编成扇子或衣裳，有的人也用它来作装饰品。

长着长睫毛的犀鸟

犀鸟,生活在东南亚热带丛林和我国云南西双版纳密林中。犀鸟的形状很特别,身体很大,通常70～120厘米长,嘴特别大,长达35厘米。它的眼睛上长着美丽的长睫毛,大嘴上面长着凸起的角质帽,看起来好像奇形怪状的犀角,因此,人们称它为犀鸟。

犀鸟喜欢栖息在密林深处的参天古木上。它有时啄食树上的果实,有时也捕捉昆虫、爬行类、两栖类和兽类来喂小鸟。

犀鸟在每年五六月间,选择大树洞产卵,雌鸟进洞后,雄鸟在洞外以一种类似胶状的胃中分泌物,混合着木质的果壳和种子等把洞封起来,只留一个小孔,让雌鸟把嘴伸出去,雄鸟在洞外取食喂养雌鸟,一直到小鸟孵出以后,雌鸟才从洞中飞出,并把小鸟封在里面,父母轮流给小鸟喂食。

犀 鸟

早起的寿带鸟

寿带鸟也叫一枝花,是温带森林中一种尾巴很长的美丽的食虫鸟。寿带鸟的大小和麻雀差不多,但尾部的羽毛却很长,尤其是雄鸟尾部中央的两根羽毛是身体的4～5倍长。寿带鸟的羽色变化多端,随年龄的不同,通常有栗色和白色两种类型。人们把白色的寿带鸟看成是梁山伯的化身，而栗色的寿带鸟则是祝英台的化身。其实，寿带鸟年轻时是一身栗色羽毛，到了老年则变得洁白如雪。年轻的雄鸟的头是蓝色的，带有金属般的光泽，头顶上有一排羽毛，鸣叫的时候会一根根竖起来，肚皮是白色的，背、翅膀和尾部羽毛都是栗色的。雌鸟羽毛稍暗，尾羽较短。

寿带鸟常隐栖于树丛林间，在树与树之间飞来飞去，飞行缓慢，很少落地。寿带鸟的食物几乎全是昆虫，包括鳞翅目、直翅目、蝇类和鞘翅目等，大部分是农林业害虫。

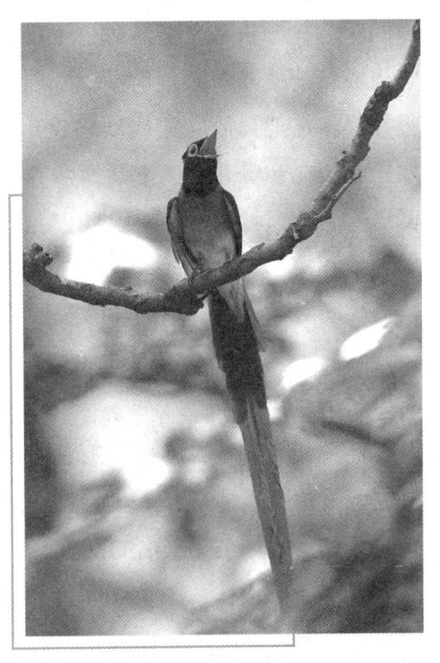

寿带鸟

"托儿"的杜鹃

杜鹃又叫布谷鸟，属于鹃形目杜鹃科。布谷鸟的体形羽色都很像雀鹰，背部灰色，腹部有很多细的横斑。不同的是，它的嘴尖长，稍稍弯曲；脚细小，四趾相对，常常躲在树林深处，人们只听到它的鸣声，却不容易看到它的真面貌。杜鹃的性情孤僻，它们既不筑巢，也不孵卵，更不会育儿，产卵前先仔细观察其他鸟的巢，趁巢主不在，偷偷地把蛋产在巢里。杜鹃能产 10～15 个卵，但每个鸟巢只能寄放一个。令人吃惊的是它

杜鹃

卵的颜色、形状和大小都和巢主的卵十分相似。巢主很难发现，于是就把它当成自己的卵精心地孵化。小杜鹃孵化得很快，它不但吃得多，性情也很暴躁，常把其他的卵或幼鸟挤出窝外，使其跌死在地上。可是巢主却依然把它当成亲生儿女，辛勤地喂养。而小杜鹃羽毛长齐后，就独自飞走了。就这样，一只杜鹃每年要毁坏2~10窝的莺、鸫、画眉等小鸟，是残杀小鸟的"阴谋家"。

杜鹃对人类有莫大的功劳，一只杜鹃在一小时内能捕食成百只害虫。

"金衣公主"黄鹂

黄鹂又叫黄莺，属于雀形目黄鹂科。唐代诗人杜甫有"两个黄鹂鸣翠柳，一行白鹭上青天"的诗句，可见黄鹂自古就是人们喜爱的鸟类之一。黄鹂不仅是一种羽毛华丽的观赏鸟，而且也是有名的"歌唱家"。它夏天来到北方的温带森林，冬天在印度、斯里兰卡、马来半岛等地方旅行。黄鹂

黄　鹂

常栖息在低山丘陵区的树丛中和公园、村庄附近的大树或疏林间，平时飞行很快，似金光一闪，鲜艳夺目。黄鹂的鸣叫声清脆悠扬，美妙动听，富有东方音乐风味。有时还杂有像猫叫的声音。黄鹂是夏候鸟，5月初来到北方筑巢产卵，每窝产4个粉红色的卵，上有玫瑰色的斑点，很招人喜爱。黄

鹂由雌鸟孵卵，雄雌共同喂养幼雏，大约16～17天雏鸟就能离巢活动。黄鹂还是消灭害虫的能手。

树木的医生——啄木鸟

啄木鸟是森林里的"检查员"和病树的"医生"。它天生一把"手术刀"——像钢凿一样的嘴巴。停在树干上的时候，它用嘴东啄啄，西敲敲，一只啄木鸟每天要敲打树干500～600次。

在温带森林里居住着多种啄木鸟，有绿啄木鸟、白背啄木鸟、大斑啄木鸟、星头啄木鸟、黑啄木鸟和三趾啄木鸟等。

啄木鸟

啄木鸟的腿短而有力，脚趾不像其他多数鸟类那样中趾向前一趾向后，而是二趾向前二趾向后，这种趾型叫做"对趾型"，对于攀树非常有利。它的尾巴是一个支柱。啄木鸟的舌头也很特殊，细长柔软，能伸出口外14厘米，舌头的末端生有很多倒强刺和黏液，不管害虫藏在树干中有多深，只要它用嘴凿通，舌头一到，幼虫或虫卵便一起被勾出来。正因为啄木鸟有着特殊的爪、尾、舌，才能做一名称职的森林"医生"。

田园卫士——戴胜

戴胜又称"臭姑鸪"，属佛法僧目戴胜科。常常出现在林缘耕地附近，是温带森林地带的夏候鸟。

戴胜头戴美丽的"高帽子"，身上的羽毛是棕褐色的，翅膀和尾羽大都黑色，并有白色或棕白色的横斑，它的嘴又细又长，稍向下弯曲。戴胜正唱得起劲的时候，脑袋会忽高忽低，"帽子"一起一伏，十分有趣。

戴胜常常单独栖息在开阔的原野，农田或林缘的树木上，到地面找食。

戴胜鸟

戴胜主要吃农林害虫，尤其是地下害虫，人称"田园卫士"。它在5～6月间繁殖，在树洞、岩缝、破墙窟窿里筑巢，产5～9个蛋。戴胜有个坏毛病，就是不讲卫生，粪便、脏物堆得巢中臭气冲天，它身上还会分泌一种臭味液体，而一沾到手上，几天以后还能闻到那种臭味。因此，人们称它为"臭姑鸪"。

"钓鱼郎"——翠鸟

翠鸟又叫翡翠。我国最常见的翠鸟生活在水边，专门吃鱼，俗称"钓鱼郎"。它的外形有点像啄木鸟，全身都是翠蓝色，腹面棕色，红嘴红腿，尾部又短又小。平时以直挺的姿势，栖息在水旁，很长时间一动不动，等鱼虾游过。立即以迅速凶猛的姿势，

翠 鸟

直扑入水中，用嘴捕取。

翠鸟是飞行能手，每小时可以飞90千米，每年4~7月，成对的翠鸟就用凿子一样的大嘴，在陡坡上建造自己的家，这时翠鸟像直升机那样悬空停在洞口，然后凿击土坡，雌鸟凿洞时，雄鸟会把鱼送来，配合得好极了。

会学舌的鹦鹉

鹦鹉以善学人语而出名，即所谓"鹦鹉学舌"。其实，鹦鹉并不懂得人说话的意思，鹦鹉学话，只是一种条件反射，并且只能学会有限的语汇。

鹦鹉属于鹦形目鹦鹉科，现存约有600多种，分布在热带和亚热带的森林中。鹦鹉家族中最著名的种类有南美洲的金刚鹦哥、澳洲的白鹦鹉、非洲的灰鹦鹉和啄羊鹦哥。鹦鹉的羽色鲜艳夺目，大都在三四色以上，如玫瑰山鹦鹉为红头、黄身、蓝尾巴。鹦鹉的嘴粗重并弯曲成钩状。奇怪的是它的下颌与头骨之间有可动肌连接，下颌可以上下移动，这种特殊的构造，适于它吃带硬壳或厚皮的果实和种子。它的舌与一般鸟类不同。是肉质的

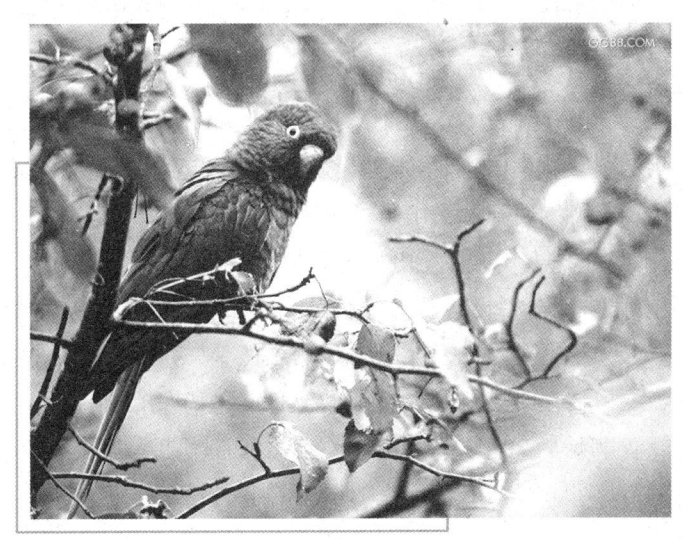

鹦　鹉

并且很厚，尖端还有突起。尾羽很长呈楔形。

鹦鹉大都成群生活在树上，巢筑在树洞或石缝中，每窝产 3~5 个白色的卵，鹦鹉爸爸和鹦鹉妈妈共同喂养小鹦鹉。

林区"卫士"——山雀

山雀共有 48 种，样子都差不多，嘴巴短而直，脚爪弯而钝，平时活泼好动，不停地在丛林中穿飞跳跃。

山 雀

最常见的是大山雀，又叫白脸山雀。它头戴蓝黑色小帽，面颊洁白，与周围颜色相衬特别明显。大山雀的鸣声清脆动听，人们又模仿它的叫声取名"滴滴水"。它喜欢居住在山林、平原中，果园里数量更多。它在树洞或墙壁的小洞里造窝，每年初夏开始产卵，如果没有外界干扰，它便在巢里安居乐业，常年不会迁飞。大山雀是捕虫能手，每天忙碌地在果树之间飞来飞去，在树枝上跳来跳去，搜索虫子和虫卵。大山雀的"饭菜"花样也不算少，青刺蛾、金龟子、天牛幼虫、蜡象、苹果天社蛾等，都是它的美餐。它的胃口可大了，一昼夜吃的虫子竟和自己的体重差不多。大山雀常常三五成群，一起活动。

"戴帽子"的太平鸟

太平鸟又叫十二黄，全世界共有三种，中国有两种，仅在冬季才能在中国境内见到。它身披灰褐色的羽毛，头上的羽毛很长，像一顶漂亮的大帽子。它们常常数十只或数百只聚集成群，生活在松树林和落叶的枯树上。有时，在枝梢跳跃；有时，又到下层树枝上，很少下到地面。群鸟中只要有一只鸟起飞，其余鸟就一齐飞起。当它们休息的时候，迎风站在树梢头，头上的羽毛根根竖起，像一把把打开的折扇。

太平鸟

太平鸟主要吃素，繁殖的时候吃蔷薇、葡萄、百合的果实。有时为了抢夺食物，它们会发生争斗。

家鸭的祖先——绿头鸭

绿头鸭又叫大红腿、大绿头，是一种比较大型的野鸭，它和斑嘴鸭都是家鸭的祖先。雄鸭的头和颈呈绿色，颈基有一条白色领环与胸相隔。雌鸭背面黑褐色，腹面浅棕色，无论雌雄，双脚都是橙红色。

绿头鸭生活在河流、湖泊的草丛中，每年秋天它们飞到南方越冬，第二年春天又回到北方。它们总是喜欢成群结队地迁移。绿头鸭的尾巴上有一对发达的油脂腺，会分泌出油脂，胸毛也能分泌一种"粉状角质薄片"。由于羽毛又比较轻，能使身体浮在水面上，脚上的蹼可以当桨划，绿头鸭就是靠着这些本领在水中自由自在地游动的。

绿头鸭以野生植物的种子、芽、茎叶、谷物、藻类、软体动物和昆虫为食。一般每窝产卵10枚左右，卵有两种色型，与家鸭相似。家鸭的祖先，

绿头鸭

据考证是由绿头鸭驯化来的。历史上,家鸭最早的记载是在公元前475～前221年的战国时代,也就是说在2000多年前的战国时代,我们的祖先就开始把绿头鸭驯化成家鸭了。

口技演员——椋鸟

椋鸟以善于模仿多种声音而闻名于世,是鸟类中出色的口技演员。椋

椋　鸟

鸟不但能学会许多鸣禽的啼啭,而且能模仿青蛙的呱呱声、鹤的呵呵声、锯木时的刺耳声、小马的嘶鸣声、人的口哨声、汽车的喇叭声等,凡是它们经常听到的声音,都能惟妙惟肖地模仿出来。如果跟人相处,还能学会几句人话呢。

椋鸟的"服装"也很讲究。头戴黑色小帽,身穿各色外套。显得十分别致。对于人类,椋鸟的贡献不只是表演口技,还捕捉了大量的害虫。各种椋鸟都喜欢吃含有很多蛋白质的蝗虫、蟋蟀、毛虫、地老虎和蜗牛等。

"爱的礼物"——红嘴相思鸟

相思鸟是世界有名的观赏鸟,因为它的嘴是鲜红色的,所以又叫红嘴相思鸟。相传成对的相思鸟,如果其中一只死去,另一只也会因失其伴侣感到寂寞孤独,以致忧郁而死。

红嘴相思鸟羽色异常美丽,它的头顶黄中带绿,肚皮是黄色的,翅膀上有红色斑块,嘴和脚都是鲜艳的红色。当它们成群飞翔时,就像彩云腾空一般,非常美丽。

红嘴相思鸟

相思鸟生活在亚洲南部的温暖地区，我国长江流域以南都有分布。雌雄相思鸟常常成双成对一起生活，形影不离，它们不仅活动于树林中，也飞往较高的山坡，双双站在灌木顶上，激动地耸起体羽，边唱边振动两个翅膀，动作十分优美。相思鸟以吃植物的果实、种子、嫩芽以及昆虫等为生。

巧嘴鹩哥

鹩哥是中外闻名的鸣禽，又叫秦吉了，样子跟八哥差不多。它通体黑色，闪着明亮的金属光泽，翅上有一道不大但较为明显的白斑。嘴厚实，橘红色。从嘴基后面生出两片黄色肉垂，一直披到头后，显得与众不同。

鹩哥生活在我国云南南部、广西和海南省，歌声婉转悦耳，变化多端。还能模仿其他鸟鸣叫，学说人话用不着修舌，比八哥还轻松，经过人的训练，鹩哥能说一些简单的语句，能读外文，进行诗歌朗诵。

鹩　哥

鹩哥的小名"秦吉了"还有一段来历呢。据说，有一对青年男女自由恋爱，但不能天天到一起彼此倾诉衷肠，全靠一只鹩哥给他们往来传送信件。一天，又到了送信的时候了，那只鹩哥对女子说："情急了。"女子见

82

自己的隐情被它一语道破，又羞又喜便叫它为"情急了"。传来传去，"情急"两字便改成了"秦吉"，于是鹩哥就有了"秦吉了"的雅号。

翩翩神女——喜鹊

喜鹊是人们喜爱而常见的一种鸟，它的尾巴很长，飞行时像一根飘带。这种鸟身体轻盈优美，羽毛黑中带绿，肚皮和背上还有白色的羽毛。它的叫声很一般，只能发出"喳喳喳"的简单音调，但人们一听到它的叫声，就会认为有喜事临门。其实，喜鹊是一种普通的

喜　鹊

鸟，不管是平原还是山区，无论是乡村还是城市，只要有树，它就去安家落户。喜鹊的食物也很杂，昆虫、植物种子等，它都爱吃。它还捉小老鼠和农田果园里的害虫吃。喜鹊的巢建在高高的树梢上，巢的外面用树枝搭成，里面由草茎、细树枝组成，还涂上灰泥，铺垫着鸟毛、麻类、毛和苔藓。喜鹊的巢不仅有屋顶、墙壁、还有出口呢。

雉中勇士——褐马鸡

褐马鸡又名黑雉，是生活在我国的一种珍贵的鸟类。身材不算高大，加上尾巴也不过1米～1.2米多长，体重5千克左右，却有一副威武雄壮的神态。它红嘴红脸，黄眼黑睛；头戴浓栗色的绒状羽冠，两耳由一条绕过下喉的白色羽带相连；耳羽发达，突于脑后，似双角并立；体羽褐色，辉亮耀眼，如铠甲掩身；尾羽大部分是银灰色的，仿佛马尾一般；双脚强壮，珊瑚红色，有如紫金铸成，褐马鸡昂头翘尾的神态，就像一匹骏马的神态一样，所以叫马鸡。褐马鸡喜爱在高山深林中生活，饿了吃块茎、细根、昆虫，渴了结群到山溪饮水。受到惊吓就拼命向山巅狂奔，游玩时，常从

褐马鸡

山巅滑落谷底。主要集中在山西省的关帝、管涔山和湖北神农架自然保护区。

每年春天，雄褐马鸡往往为争夺雌鸡而激烈搏斗，一直斗到一方死去才肯罢休。

冰山上的来客——血雉

血雉又叫血鸡，生活在西藏、四川、云南西北部、青海、甘肃祁连山和陕西秦岭山脉白雪覆盖的地区，是一种耐寒高山鸟类。它的外形很像家鸡，所以又叫血鸡。它飞行的时候，身上披散的羽毛会随风飞舞，非常好看。它们夏季迁移到3300～4500米的山上，冬季下移到2900米左右的山上，这种垂直升降迁徙的行动和雪线的进退有关。

由于这种鸟长年生活在高山树林

血雉

中和人迹罕至的地方。它们一般都不善于飞翔，而靠逃窜来躲避敌害。它们以苔藓、莎草、卷柏、樱草和箭竹等植物的叶片和种子为食。大约在5～6月间繁殖，雌鸟在灌木丛或岩石下做巢，并在里面产卵。孵化期29天，孵化后，一直到冬天，雌鸟都和它们的幼鸟在一起生活。

快如飞机的游隼

游隼又叫鸭虎，是一种很美丽的鸟。它的背部蓝黑色，腹部奶油色，下巴和咽喉上有黑色的条纹。游隼的飞行速度很快，每小时能飞140～360千米。游隼不仅飞得快，个子也大而且有力，能抓住鸟类和兽类等各种猎物。游隼主要捕食各种野鸭，常常在空中捕捉猎物，发现在飞行中的野鸭时，就伸出脚掌猛地将其击落，然后抓起。如果打不中，还会很快升高到猎物上方，然后突然俯冲下去，直到达到目的为止。

游　隼

游隼是一个优秀的"飞行员"，它的冲击速度，每秒钟可达75～100米，并成25°角俯冲下去。它在空中盘旋、滑翔，花式繁多，姿势优美。能够毫不费力地在空中飞行数小时之久。

与人类为邻的白鹳

白鹳是一种珍贵的水鸟，它身披白色的羽毛，只有翅膀的后半部是黑色的。它的嘴尖而长，朱红色的脚也又细又长，像在踩高跷一样。

白鹳是候鸟，每年10月，它们都飞到南方去过冬，第二年3、4月间，第一批白鹳飞回故乡，还到原来的村庄里安家。在荷兰、德国和奥地利的

白　鹳

一些民房顶上几乎都住有白鹳鸟。有的白鹳还住在自己的旧居里，有的则重新选择新的巢址，不管它原来和现在的主人是谁。雄鸟进家之后，首先清理整修自己的巢，从野外衔来棍棒，木片和枝条修补住宅。等待雌鸟的到来。雌鸟在巢中生下几个蛋，经过30天的孵化，小鸟就出世了。白鹳夫妻对自己的孩子照顾得可周到了。它们不辞辛苦地外出觅食；飞到远处小河沟给小鸟取水；天冷了，就让孩子们躲在翅膀下面……

草原歌手——云雀

云雀是闻名于世的鸟类歌手。它长得一点也不漂亮，头部生着一张圆锥形的小嘴巴，身上披着沙褐色的羽毛，躲在草丛中不容易被人发现。它的后趾很发达，上面的爪长而直，能帮助云雀在地面活动时保持身体平衡。

云雀的飞行本领十分高强，它能够从地面突然起飞，冲天向上。云雀从高空飞落地面，也是闪电式的，长鸣一声，急转直下，而不知去向。

云雀的歌声被称为"仙乐"，它的鸣叫宛转、清脆，音韵悦耳动人，而又复杂多变。它的尾音又常常带有卷音的"滴溜儿——"给人以欢快的感觉。每当求偶季节，雄云雀用它那嘹亮的歌声吸引雌云雀到来，当雌云雀心领神会，愿以身相许的时候，它们便双双飞入白云深处，结成美满的一

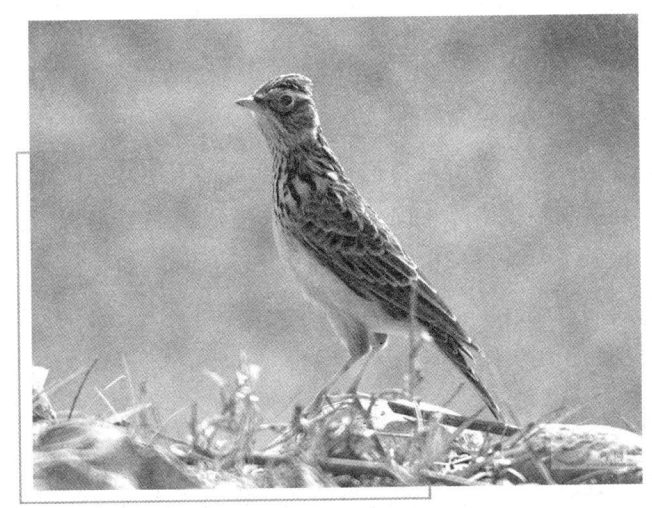

云　雀

对儿了。

与众不同的长尾鸡

长尾鸡是日本的一种观赏鸡，它在鸟类中是尾羽最长的。这种长尾鸡是用人工选择的办法，用山鸡、山鸟和东天红鸡杂交，经过多年培育而成

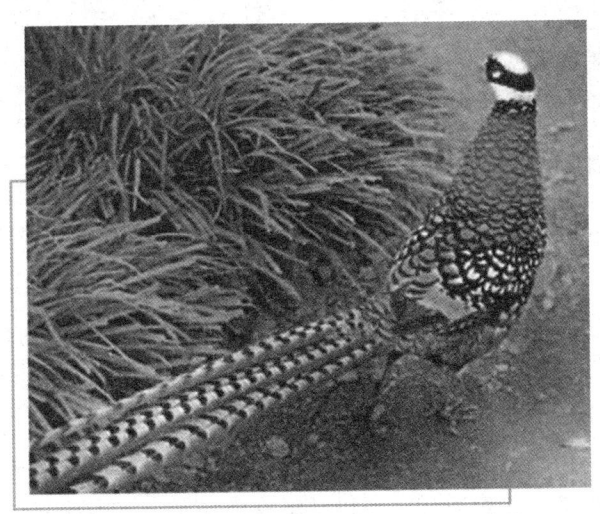

长尾鸡

的一种尾羽特别长的鸡。最长的尾羽能达到 10 米，如果把它放在四楼窗口，它的尾羽可以拖到地面，非常美丽。

长尾鸡共有白、深褐和掺杂白色羽毛的三种颜色。因为长尾鸡不能像普通鸡一样在地上行走，所以要把它们养在清洁卫生，有保温设备的架高的鸡舍里，将尾羽垂在鸡舍外面。在雄雏鸡长到 5～6 个月以后，还要拔掉它的尾羽，以刺激它重新长出特别长的尾羽。这种鸡的饲料是新鲜菜叶和糙米。长尾鸡的寿命为 9～10 年，尾羽每年能长 1 米左右，所以年龄越大的长尾鸡，尾羽越长越美丽。

出色的建筑师——织布鸟

织布鸟的种类很多，分布于世界各地。我国云南的西双版纳有一种黄胸织布鸟，大小和模样与麻雀相似。

织布鸟

因为织布鸟的编织技术十分高超，它能像织布那样编织自己的巢，织布鸟用来编织房子的材料是柔软而强韧的草叶。织布鸟的房子形状像一个悬挂在树下的葫芦，上细下粗。它的编织工作主要是用嘴巴来完成的，也离不开脚的帮助。它先把结实的粗纤维编成绳子，牢牢地系在树枝上，然后用嘴巴把细叶穿入缠绕树枝的圆环，打成一个结儿，再缠绕交织，在细树枝上固牢之后，就像经纬线排列那样不停地织起来，巢越来越大，巢壁也越来越厚。巢的入口处在一侧的下面，这样即使外面下倾盆大雨，窝内也平安无事。巢与巢口之间常修筑一条"飞行跑道"，织布鸟既可以将它作为起落的跑道，又能防备入侵的敌人。

效忠渔翁的鸬鹚

鸬鹚是一种水鸟，除了南极和北极，世界各地都有分布。它的羽毛是黑褐色的，会发出金属般的蓝光。在地上行走的时候，左右摇摆，像鸭子似的。可是一到了水中，它就开始大显身手了：一张长而带有锯齿的嘴，捕起鱼来格外方便，一旦鱼儿进了它的嘴，就再也逃不掉了；它的喉部有个膨大的地方，是暂时存放鱼儿的仓库。

鸬　鹚

正因为鸬鹚善于捕鱼，所以聪明的渔民们驯养它们为自己效力。渔民划来小船，让鸬鹚站在船舷两侧，再把船划到河心。它们纷纷跳下小船，潜入河中，接着一个个浮上水来，游到船边，向主人献鱼。渔民也从不亏待它们。

嘴最大的鸟——巨嘴鸟

巨嘴鸟生活在南美洲亚马逊河河口地区的热带森林中。一般身长 70 多厘米,嘴巴占身长的 1/3,真是名副其实的大嘴。如果从正面看巨嘴鸟,往往看不到它的身体,只看到一张橡皮似的、尖端有点弯曲的巨大的嘴。这张巨嘴虽然又粗又大,重量却很轻,还不到 30 克。这是因为嘴的构造很特别,中间布满了海绵似的空隙,外面由一层薄薄的角质覆盖着,所以既坚硬又轻巧。

巨嘴鸟

巨嘴鸟的嘴颜色十分鲜艳,羽毛也美丽异常。巨嘴鸟喜欢吃各种水果,偶尔也吃蜥蜴和鸟蛋,它们成群地栖息在大树顶上。巨嘴鸟走路的姿式非常有趣,它的两只脚分得很开,好像一个大胖子在跳远,看起来滑稽有趣。

滑稽可爱的"绅士"——企鹅

企鹅不是鹅,而是一种善于游泳和潜水的海鸟。它们已经失去了飞翔能力,身体大都是扁平形,背部为深灰色或黑色,下体为纯白色或皮黄色。

企 鹅

它的前肢已变成了鳍脚,在水中游泳时起推动作用。

众所周知,企鹅是南极的象征。其实,企鹅共有十几个种类,而生活在南极地区的仅有王企鹅和阿德尔企鹅两种,其余的企鹅则分布在非洲、澳大利亚、拉丁美洲有寒流经过的地方,甚至在赤道附近也有企鹅居住。

企鹅全身长着厚厚的脂肪,羽毛像鳞片那样重重叠叠,密密层层,它们从不觉得冷。企鹅的脚趾之间有蹼相连,游泳时起舵的作用。最突出的特点是脚长在身体的后部,因此可以直立行走,但走得很慢。企鹅在海里游泳的速度很快,能轻而易举地超过一艘潜水艇。

企鹅在秋冬季节繁殖,雌企鹅生下一个蛋后,就把它交给雄企鹅,自己找食物去了。雄企鹅用双脚把蛋捧住,靠腹部的孵卵囊把蛋盖住,保持蛋的温暖,就这样寸步不移,不吃不喝坚持60多天,小企鹅快孵出的时候,雌企鹅才来接班。

以风为生的信天翁

信天翁是一种巨大的海鸟,身长1米多,体重有7~8千克,飞翔时双翼展开达3~7米。它全身羽毛呈雪白色,仅翼尖和尾巴是黑色的。信天翁

信天翁

驾御长风，不用扇动翅膀，全凭强风吹送。有经验的老水手都知道，哪里出现信天翁，哪里就会有好天气。每当夜幕降临的时候，浮游生物、乌贼和其他"海洋居民"浮上海面，信天翁就可以饱餐一顿了。信天翁还喜欢吃从船上扔到海里的动物内脏和垃圾，所以它们总是跟着航船飞行。

信天翁的繁殖季节在仲夏。在选定的岛屿上，大群成年信天翁扇动美丽的翅膀翩翩起舞，经过"求婚"仪式，一对信天翁便成亲了。雌鸟在12月份产下1个蛋，雌雄共同抱窝。它们把幼鸟养得胖乎乎的，因为小家伙要在巢里呆300天左右，所以喂养"孩子"常使"父母亲"精疲力尽。

空中旅行家——大雁

大雁是有名的候鸟，属于雁形目鸭科。在北方总是秋去春来，生活非常有规律。主要种类有鸿雁、豆雁、灰雁等。

大雁的故乡在西伯利亚，每当秋冬季节，为了躲避寒冷、寻找食物，成群的大雁就排成"人"字形或"一"字形的队伍飞向南方，到我国福建、广东等沿海地区过冬。第二年春天，它们再飞过千山万水，回到西伯利亚产蛋繁殖。

为什么雁群要排成"一"字或"人"字形队伍飞行呢?这是因为大雁要飞行的路途很长,除了靠扇动翅膀飞行之外,还要利用上升气流在天空中滑翔,来节省体力。大雁的飞行速度很快,每小时能飞68~90千米,几千千米的漫长旅途要飞上一两个月。

大 雁

夏天换羽是大雁最危险的时期,它们的飞羽几乎同时脱落,丧失了飞翔能力。这个时候,它们常常成百上千只聚到一起,躲到湖泊、海湾、岛屿等人迹罕至的地方,直到飞羽长出。

大自然的歌手——画眉

画眉是中外闻名的观赏鸟,它们以其清脆悦耳的鸣声惹人喜爱。画眉主要生活在亚洲南部的温暖地区,美洲、大洋洲和欧洲南部也有分

画 眉

布。画眉的上身是浓淡不一的棕褐色，下身是棕黄色，眼睛四周有一圈白色，由眼上部向后伸延，好像画上去的一条白眉毛，所以叫画眉。画眉喜欢居住在山丘的灌木丛，城郊、村落的灌木丛中，在竹林和庭园中也可见到它的身影。它胆子小，喜欢独个儿隐居，一旦受惊马上飞走。画眉主要吃蝗虫、蜡象、松毛虫等农林害虫，有时也吃一些植物，是珍贵的农林益鸟之一。

草原上最大的鸟——大鸨

大鸨是温带草原上的大型鸟类，属于鹤形目鸨科，是草原上最大的鸟类。大鸨身高背宽，身长约1米，体重有15千克。外观美丽，头是灰蓝色的，背部有黄褐色或黑色的斑纹，腹部为白色，脚长，善于奔跑，雄鸟颏下有两簇斜生的胡须，雌鸟较雄鸟小，没有胡须，大鸨喜欢栖息在草原沙地，不善飞，是一种过着地上生活又从不鸣叫的鸟。

大　鸨

每年春天，大鸨飞到内蒙古、蒙古和西伯利亚去繁殖后代；冬天，到我国华北和朝鲜、日本生活。

大鸨春末夏初分散在草原上繁殖，每年产1～2窝卵，每窝有2～3个蛋，蛋很大，重115～130克，青绿色，上面有不规则的褐色斑点。小鸟一出壳就能在草原上奔跑寻食，20多天后就变成成鸟了。

我国已经把大鸨列入保护之列，它们能捕食蝗虫、象鼻虫、金龟子和毛虫等各种害虫，是益鸟。

海上的天使——海鸥

海鸥不仅生活在海上,许多内陆湖泊江河地区,也有成百上千的海鸥。据鸟类学家统计,全世界共有鸥科鸟类80多种,我国就有30多种,主要分布在内蒙古、青海一带。

海 鸥

海鸥是一种益鸟。它们常常成群飞翔在海上礁岩附近,可以防止航海者撞暗礁;同时,它还有沿港口出入飞行的习性,每当航行迷途或海雾弥漫的时候,观察海鸥的飞行方向,也可作为寻找港口的依据。海鸥还是大自然的"清洁工",喜欢捡食人们抛弃的残食和动物尸体。更可贵的是,海鸥是"渔民之友",它们常常成群回翔在鱼群出现的海面上,渔民们可以根据它们的飞行动向探知鱼群的出没,大量捕鱼。可见海鸥是人们喜爱的益鸟。

沙漠里的小精灵——沙鸡

沙鸡和鸽子差不多大,属于鸽形目沙鸡科,是生活在荒漠地带的一种鸟类。沙鸡的羽毛斑杂呈沙色,与荒漠景色十分协调,这也是一种保护色,不容易被其他动物发现。它的翅膀长而尖,中间两枚尾羽又尖又长,十分显眼。头和脚都比较短小，腿和脚上密密麻麻地长满了毛和细鳞片，看上去很像兔子脚，所以又有人叫它"兔脚鸡"。沙鸡仅有3个脚趾并包在鞘中，脚掌有粗厚的垫和棘状突起。这种构造可以防止灼热的沙地把脚烫伤，在沙漠上走路时也不会陷到沙土里去，冷的时候还不怕冻。沙鸡的主要食物是植物的种子和幼芽，在地

沙 鸡

面上营巢，每窝产3个卵。沙鸡喜欢成群生活，并作长距离的飞行，它们的视觉和听觉都很差，成群结队飞行的时候，即使前面有明显的障碍物，领头的也会由于感觉迟钝、不能及时而灵活地改变方向，而造成沙鸡群大量碰撞而死。

胡兀鹫

"神鹰"——胡兀鹫

胡兀鹫是一种巨大而凶猛的鸟，它的眼睛上面有黑而长的毛，下巴长着一撮毛，像一把山羊胡子，和其他鹫类不同的是，胡兀鹫的头和颈部都长有羽毛，而不是光秃秃的。

胡兀鹫现已濒临灭绝，现在欧洲的胡兀鹫不超过50对，大部分生活在比利牛斯山的荒野中。在我国的青藏高原上还有相当数量的胡兀

鹫。中国科学院动物研究所曾在青藏高原上猎获一只胡兀鹫。

胡兀鹫是飞行能手，为了寻找食物，一天可以飞行9～10个小时，飞行高度在7000米以上，需要的时候，它也可以在离地面3～5米的低空飞行。胡兀鹫除啄食尸体外，还攻击人畜。

"吻花客"——蜂鸟

蜂鸟是世界上最小的而且是十分特殊的一种鸟，属雨燕目蜂鸟科，大部分生活在中、南美洲的热带森林中，有600多种。蜂鸟最大的不过20多厘米长，最小的比黄蜂还小，只有0.2克重。蜂鸟个儿虽小，眼睛却很大。它们披着一身艳丽的羽毛，有的还有一对会跳舞的长尾巴。因为有一根像管子一样细长的嘴，能伸到花朵里面去吸花蜜，所以叫蜂鸟。

蜂　鸟

蜂鸟在树枝上或树叶上面筑巢，小巢只有胡桃那么大，蜂鸟的鸟蛋只有豌豆那么大，因为蜂鸟的脑子相当于它体重的1/3。比人脑所占人体的重量比（约50∶1）还大呢，所以蜂鸟非常聪明。

蜂鸟有一对狭长的翅膀，能高飞、远飞、倒着飞，还能"悬空定身"，就是一动不动地停留在空中，翅膀快速扑动。人们只能见到像灰白色云烟那样的光环,听到一种特殊的"嗡嗡"声。

在悬崖上筑巢的金丝燕

金丝燕又叫雨燕,属于雨燕目雨燕科,是热带鸟类,生活在泰国、菲律宾、印度尼西亚等地。

金丝燕是雨燕科中最小的一类,身长在9~13厘米,它的羽色灰黑稍显暗褐,腰部有一条像白带的羽毛。翅膀又尖又长。强健有力。脚很纤弱,几乎不能在地面上行走,只能在回巢时暂作抓附的一点帮助。金丝燕整日飞翔,很少休息,以捕食昆虫为生。

金丝燕

金丝燕是在岩壁上筑巢的,它们筑巢所用的材料是独一无二的,它们的喉部黏液分泌器管非常发达,能分泌大量浓厚而富有胶黏性的唾液,金丝燕用自己吐出的黏液,混合着绿色的藻类,堆积和粘固在岩洞石壁上,做成碗碟状半圆形的燕窝。燕窝的颜色发白,像真丝一样,稍稍透明又富有弹性。70多种雨燕中,只有几种雨燕的窝是用纯分泌液做成的。最好的燕窝几乎全是唾液凝固成的。红色的"血燕"最名贵,白色的"官燕"次之,黑色的"毛燕"最差。

"缝衣匠"缝叶莺

缝叶莺是热带的一种小鸟,属于雀形目莺科,它以灵巧的筑巢技能闻名天下。缝叶莺小巧玲珑,身长13厘米,其中尾巴占一半以上。嘴尖而巧,腿强健善跳跃。淡黄色的眼圈,橙红色的额顶,橄榄色的背部和灰黄色的腹部。美丽的羽毛与大自然十分和谐。缝叶莺具有高超的缝纫本领,它选择一两片芭蕉、香蕉或野牡丹的大叶片,利用植物纤维、蜘蛛丝等做缝线,把自己的长喙当"缝针",加上脚爪的配合,缝缀成一个口袋形的巢,它还会在关键的地方打结子防止缝线松脱呢。被缝的树叶的叶柄,往往因枯老而折断,缝叶莺就用草茎将叶柄系在枝上,免得巢掉下去。口袋巢缝好以后,缝叶莺就外出寻找一些枯草、羽毛和植物纤维,垫在窝里,做成一个温暖而舒适的"家"。

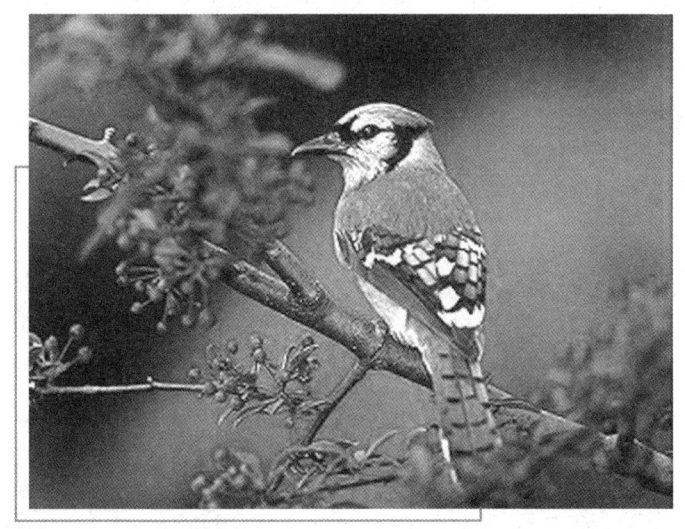

缝叶莺

快跑健将——鸵鸟

我们通常所说的鸵鸟是非洲鸵鸟,属于鸵鸟目鸵鸟科,是现在世界上最大的鸟。主要分布在非洲草原,荒漠地带和亚洲的阿拉伯等地。鸵鸟身躯高大，雄鸟身高 2.75 米，体重达 75 千克以上。鸵鸟的脖子和腿都很长，头却很小。它的翅膀已经退化，不能飞翔了。因为常在沙漠里行走，所以它的脚仅有两个趾头，而且有很厚的胼胝，这是现代鸟类唯一的特征。雄鸟羽毛黑色而有光泽，雌鸟不如雄鸟美丽，是灰褐色的。

鸵鸟

鸵鸟是鸟类中的"快跑健将"，每小时能跑 40 多千米，一步就可以跨二三米。这种速度连快马也望尘莫及。鸵鸟力气很大，它一脚就可以踢倒一只狼或一只猎狗。

鸵鸟的卵非常大，每个有 1.5 千克多重，相当于 30 个鸡蛋。

不畏严寒的雷鸟

雷鸟属于鸡形目松鸡科，是典型的寒带鸟类。雷鸟是吃素的鸟类，主

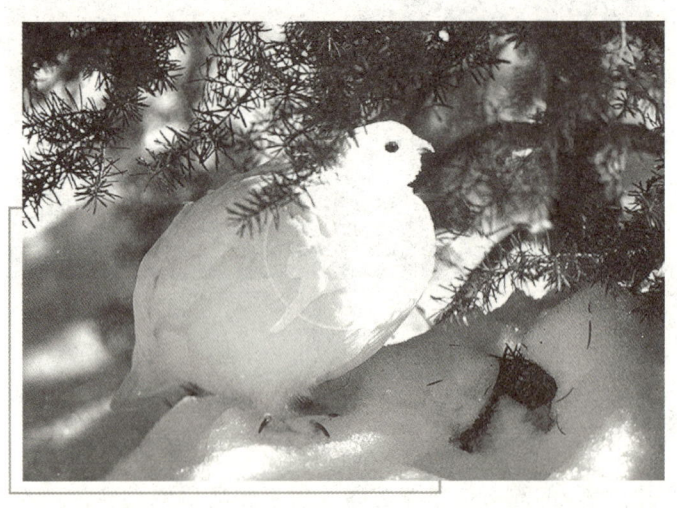

雷鸟

要吃苔藓、植物的嫩芽、嫩枝和根。

雷鸟一生的大部分时间是在雪原中度过的。它的鼻孔外面披着又厚又密的羽毛，在雪下啄食的时候就不用担心雪塞住鼻孔。它脚上的羽毛又长又密，易于在松软的雪上奔走。雷鸟善走而又飞行迅速，但不作远距离的飞行。有时在低矮的树枝上跳来跳去；常结成20～30只的小群，直到春天才拆散成对。

雷鸟像个魔术师，能根据季节变化改变自己羽毛的颜色。当春天来临，大地露出黑褐色的泥土时，雷鸟的羽毛是褐色的。秋天，当地面上的苔藓等植物枯萎，变得灰蒙蒙的时候，雷鸟又换上了灰色的羽毛。而冬天来临，大雪纷飞，雷鸟摇身一变，穿上一身雪白的冬装。正是由于雷鸟羽毛的变化，才使它们免受敌人的侵袭，保护了自己弱小的生命。

吃松子的交嘴雀

交嘴雀是寒温带针叶林里的一种很特殊的小鸟，属于雀形目雀科，主要生活在苏联南部、北欧、北美和我国东北等地。

交嘴雀

交嘴雀的嘴巴很怪，一般鸟的嘴都是上下合拢的，而交嘴雀的上下嘴却互相交错：上嘴向右下方勾曲，下嘴向左上方勾曲，上下嘴不接触。交嘴雀雄鸟通体朱红色，雌鸟和幼鸟暗绿色。交嘴雀不爱吃昆虫，专爱吃松子。

大多数鸟儿都在风和日丽的春天繁殖后代，可交嘴雀却在冬季生儿育女。在北方大雪纷飞的严冬，鸟类进行繁殖的现象是极其罕见的。这是因为，冬天是松子丰收的季节，成鸟和幼鸟都有充足的食物，而且冬天怕冷的鸟儿都飞到南方去了，小交嘴雀就不会遭到凶猛鸟儿的侵害，成活率会更高。因此，交嘴雀在冬天哺育儿女，是与大自然作斗争而形成的一种适应性。

天使般的火烈鸟

火烈鸟又叫红鹳。它的老家在非洲坦桑尼亚北部的纳特龙湖，这个大湖的湖水只有3厘米深，并且湖水是含盐分很高的苏打水。在这个"苏打湖"里，生活着几十万只粉红色的火烈鸟，举目望去，粉红一片，景色非常美丽而壮观。

火烈鸟共有六种，除了一种羽毛全部为胭红色外，其余种类都是粉红或粉白而杂以红色。幼年时期的火烈鸟更是周身红羽毛，格外漂亮。火烈

火烈鸟

鸟是水鸟，以藻类为食物。它们常把自己的巢窝排得整整齐齐，七八只鸟巢并排矗立起来。

生活在自然界中的火烈鸟是群体行动的，每当它们受到干扰时，就会成群移动，而那些可怜的幼雏，不免会成为胡狼等敌人的美味佳肴了。

绝种后又重新复活的泰卡鸡

泰卡鸡主产于新西兰南岛，是一种珍稀的鸟类"活化石"。泰卡鸡属秧鸡类动物，是极美丽的名鸟，浑身披着五光十色的羽毛，眼圈、颈、喙、腿、爪都是鲜红色的，头部、胸部为靛青色，背部为孔雀绿。重3～4千克。泰卡鸡不仅美丽，而且肉味鲜美，随着欧洲殖民者的到来，泰卡鸡遭到了灭顶之灾。据生物学家的推定，"最后"一只泰卡鸡在1898年被猎狗咬死后，再也没见到它那美丽的身影。54年之

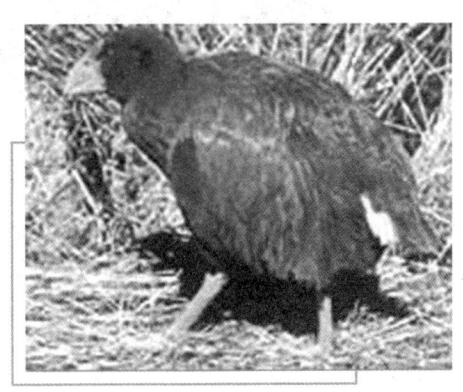

泰卡鸡

后，新西兰的奥尔贝博士。经过10年辛苦和耐心，终于在1952年再次找到了泰卡鸡的足迹，在一个人迹罕至的草丛中，捉到了正在孵卵的泰卡鸡。他小心翼翼地把鸡和蛋一起捧回去，小泰卡鸡破壳了，珍稀的泰卡鸡又复活了，人们对它们应加倍地爱护。

秃头的座山雕

秃鹫俗名座山雕，是一种身材高大，力大无穷的凶猛的鸟。体长1米左右，羽毛呈黑褐色，张开翅膀有2.3～2.6米宽。最显著的特征是它头顶上长有稀疏、蓬乱的几根绒毛，脑后和颈部裸露，皮肤呈青蓝色，加上一对圆溜溜的眼睛和一只像铁钩似的鹰嘴，实在是凶丑难看。

座山雕分布在西起地中海，东到亚洲东部的广大地区。在我国的天山、阿尔泰山、喜马拉雅山也可看到它的身影。座山雕常常站在悬崖峭壁或山

秃 鹫

峰突出的岩石上眺望,并不断发出"咕喔"的叫声。当它饥饿时,就展开双翼,在天空中寻找地上的兽尸、腐肉。发现尸体后,它总是先把尸体的肚子啄破撕开,把五脏六腑吃得一干二净,然后再吞食腐肉。所以又称"腐肉鸟"。

在绝种边缘的黑鹳

生活在欧洲伊比利亚半岛的黑鹳是世界罕见的珍禽,独特的黑羽毛,映出浅绿色、紫红色和天蓝色的光辉,加上它那雪白的腹部,红色的嘴和利爪,显得瑰丽俊秀。

黑鹳较少群居,一般喜欢生活在野草和灌木丛生的地方,有时也居住在橡树和软木树生长的场所。它的主要食物是蚱蜢、蝗虫和飞蛾等害虫,所以说,它是人类的朋友。黑鹳身长95～100厘米,重约3千

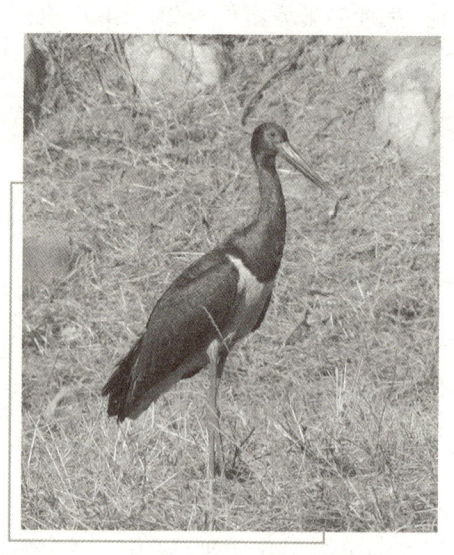

黑 鹳

克。它在天空飞翔时,两翅伸展宽约2米,它能飞得很高很美。

每年春天,是黑鹤繁殖的季节,雌鹤每次产卵3~5只,蛋为白色。雌鹤和雄鹤共同孵化30~40天,小鹤才出壳。再过1个多月,小黑鹤羽毛长全了,就独立谋生去了。

目前,美丽的黑鹤已濒临绝种的境地,西班牙政府采取了相应的保护措施。

失聪的雄松鸡

松鸡又叫林鸡,广泛分布于亚洲、欧洲和北美洲等地潮湿的松杉或白桦林中。它们以浆果、嫩草和树叶为食。松鸡个头和家鸡差不多,雄鸟颜色较鲜艳,由红、白、黑三色羽毛在身上相映成趣,雌鸟的背上是棕色的,有黑色斑块点缀。它们既能在树上生活,又能在地面上活动,平时生活在高山地区,只有严冬季节才下山觅食。

松 鸡

春季时,雄松鸡会暂时失聪。它们听不到包括自己鸣声在内的任何声音。它们只知道一天到晚唱着响亮悦耳的情歌,性格也变得暴躁好斗,一看见别的雄松鸡就会冲上去拼个你死我活。对于这种现象,生物物理学家认为,雄松鸡失聪是因为唱歌太卖力的缘故;歌唱得越响,共振现象越明显,鼓膜受到的振动也就越强烈。于是它们的耳道里充满了腺体分泌物和布满血管的褶皱,这些东西塞住耳道,雄松鸡就变聋了。这种状况持续一段时间后,它们自然会恢复听觉。

喜欢火浴的乌鸦

乌鸦被人们认为是一种不祥的鸟,其实,乌鸦应该算是益鸟,它们主要吃蝼蛄、蝗虫等有害昆虫,还常常在垃圾堆里啄食动物腐尸,替人们"打扫卫生"。我国常见的乌鸦有:秃鼻乌鸦、白颈鸦、寒鸦和小嘴乌鸦。

乌鸦看到火就会欣喜若狂,伸长脖子,用嘴巴啄取火舌,然后在翅膀下面摩擦,这样反复多次,像人洗澡时用毛巾搓背一样。长久围着火堆转来转去。乌鸦会不会被火烧伤呢?不会,这是因为乌鸦眼睛有膜,能防止火烧灼眼睛;乌鸦嘴巴不停地流出唾液,降低火舌温度,不会烫坏嘴巴;它的翅膀向火堆方向扇动,火苗不会碰到它的身上,所以,是万无一失的。火浴实际上是乌鸦的一种本能。

乌　鸦

最大的飞鸟——灰颈鹭鸨

灰颈鹭鸨又名柯利鸟,隶属于鹤形目鸨科鹭鸨属。体长105～128厘米,翅长2.56米,体重达18千克左右,是世界上能飞行的体重最大的鸟类。生活在非洲东南部的灰颈鹭鸨,分布于非洲东部和安哥拉、南非等地,栖息于草原等环境中,以植物的嫩叶、种子等为食。营巢于原野地面上,每窝产卵2枚。

灰颈鹭鸨也是杂食动物,习惯居住在地面,尤其是草地上,成小群活动。灰颈鹭鸨与鸽子、沙鸡和三趾鹑一同为少数能够自如吮吸水的鸟类,而无需像其他鸟那样必须用喙将水铲起然后仰头咽下。由于生存环境的不断恶化和长期偷猎，野生灰颈鹭鸨已经濒临灭绝。

世界上飞得最慢的鸟——小丘鹬

鹬鸟这一大类共有77种，广泛分布在世界各地，我国有38种。它们属小型涉禽鸟类，多栖息在海岸、沼泽及河川等地，以水生动物为食。长江以南地区为冬候鸟，在东北北部和新疆天山繁殖。

丘鹬又叫山鹬和大水鸳。上体锈红色，有许多黑色、暗色及灰黄色横斑或横带斑；下体白色，并有很多暗色横斑。体长约35厘米，体重300克。

丘鹬的胆子非常小，白天隐藏在山林中很少出来活动。只在黄昏或拂晓飞出觅食，就连雌雄见面也多在此时，而白天分散隐蔽。它们是一雄多雌制，太阳落山后，雄鸟高飞鸣叫呼唤雌鸟，雌鸟应声后飞落地面结为伴侣。巢常利用灌木根旁的枯枝落叶堆集而成，每窝产卵3~4枚，孵卵期22~

丘　鹬

24天。雏鸟孵出后，亲鸟非常小心翼翼地守护在巢内，如遇危险情况，亲鸟有一种特殊的本能保护雏鸟，只见它们突然从巢中起飞，同时用两条腿把雏鸟夹在当中一起飞走，转移到一个安全地方后，亲鸟重又飞回巢内，用同样办法把巢中所有的雏鸟转移，使它们免遭不幸。

有人把将要被丘鹬带出的雏鸟进行称量，其体重为65克，相当于成鸟体重的1/4。它们能够以5英里的时速缓慢飞行而不失速，应该算是世界上飞得最慢的鸟了。

哺乳动物

概 述

哺乳类动物是哺乳类是一种恒温、脊椎动物,身体有毛发,大部分都是胎生,并借由乳腺哺育后代。哺乳动物是动物发展史上最高级的阶段,也是与人类关系最密切的一个类群。

哺乳动物具备了许多独特特征,因而在进化过程中获得了极大的成功。

哺乳动物最重要的特征是:1. 智力和感觉能力的进一步发展;2. 繁殖效率的提高;3. 获得食物及处理食物的能力的增强;4. 胎生、哺乳;5. 身体表面有毛,一般分头、颈、躯干、四肢和尾五个部分;6. 用肺呼吸;7. 体温恒定,是恒温动物;8. 脑较大而发达。哺乳和胎生是哺乳动物最显著的特征。胚胎在母体里发育,母兽直接产出胎儿。母兽都有乳腺,能分泌乳汁哺育仔兽。这一切涉及身体各部分结构的改变,包括脑容量的增大和新脑皮的出现,视觉和嗅觉的高度发展,听觉比其他脊椎动物有更大的特化;牙齿和消化系统的特化有利于食物的有效利用;四肢的特化增强了活动能力。有助于获得食物和逃避敌害;呼吸、循环系统的完善和独特的毛被覆盖体表有助于维持其恒定的体温,从而保证它们在广阔的环境条件下生存。胎生、哺乳等特有特征,保证其后代有更高的成活率及一些种类的复杂社群行为的发展。

形形色色的哺乳动物

"近视眼"的黑熊

黑熊又叫狗熊、"黑瞎子",属于食肉目科,是温带森林中的一种食肉兽,广泛分布于我国东北大小兴安岭和长白山区,南到朝鲜、北到西伯利亚、乌苏里等地。黑熊的毛是黑色的,胸部有一个倒人字形的白色斑纹,十分醒目。它身长1.85米左右,体重200千克上下。它的脑袋又大又胖,两边的毛特别长,并卷曲蓬松。黑熊天生一副"近视眼",视觉很差,距离400步就看不到东西,看样子有些笨头笨脑。但它的嗅觉和听觉却十分灵敏。

黑 熊

黑熊生活在森林里,主要吃树林里的野果、浆果、果实,嫩叶,菜或青玉米,谷穗等,它还吃各种蠕虫、甲虫、虫卵、蚂蚁、小鸟和鸟卵等,尤其爱吃蜂蜜,为了贪吃蜂蜜,宁可皮肉受苦。

黑熊还有冬眠的习惯。黑熊其实并不笨,它会游泳、爬树和站立,寿命一般为 30 岁。

出色的"潜水员"——水獭

水獭是食肉目鼬科中的水栖动物,也是世界上最珍贵的毛皮兽之一。貂皮素有"毛皮之王"的美称,而水獭皮则是毛皮的"王中之王"。

水 獭

水獭生长在欧洲、非洲、亚洲和美洲,其中南美洲的水獭个儿最大,最大体长在 1.5 米左右,体重超过 25 千克。一般的水獭体长 70~80 厘米,体重 7~12 千克。全身毛短而致密,里面是咖啡色的绒毛,外面是一层灰褐色的又粗又密的针毛。它的脚趾和爪间有蹼,适于水中游泳。它的听觉、视觉、嗅觉都很灵敏,鼻孔和耳孔还能自行关闭。

水獭在每年春季和夏季繁殖,每胎产 1~4 仔。生下来的小水獭 120 天后就能独立生活,一年后发育成熟。水獭喜欢捕各种鱼、虾、青蛙、小鸟及小兽。

珍稀的毛皮兽——紫貂

紫貂也叫黑貂,属于食肉目鼬科,因为它的毛皮很珍贵,同人参、鹿茸合称为我国"东北三宝"。紫貂分布在西伯利亚、我国东北和蒙古人民共

紫 貂

和国等地。

紫貂外形很像黄鼠狼，但比黄鼠狼大，身体细长，尾巴较粗，尖端毛很长。大耳朵，尖鼻子，4条腿很短，爪子很尖利，是爬树能手。全身棕黑或黄褐色，腹部淡褐色。

紫貂栖息在针叶林或混交林的密林深处，尤其原始森林中数量较多，主要吃各种老鼠、鸟和其他小动物，以及植物的浆果、种子。白天常常呆在树洞或石堆下的巢穴里，早晨出来找吃的，它行动敏捷，不但会爬树，还能在地上奔跳。

紫貂每年4~5月繁殖，每次产2~4仔。小崽出生后36天才睁开眼睛，由雌貂哺育，大约两个月后小貂可以出洞找食，3年成熟，4年后才能生育。

狡猾的猞猁

猞猁也叫貓，属于食肉目猫科动物，它既是森林中的猛兽，也是一种珍贵的毛皮兽。

猞猁有点像猫，但比猫要大得多，体长约有1米多。头小而圆，嘴和鼻长得很大，眼窝深，还生有一对闪着绿光的眼珠。猞猁是猫科动物中唯一分布在北方较寒冷的森林地带的动物，喜欢栖居在松柏参天的针叶林中，北欧、北美洲、俄罗斯北部和我国都有分布。

猞猁善于爬树，也能游泳。主要吃野兔、松鼠、松鸡、榛鸡、雷鸟等，也喜欢吃狍子和其他大型动物。猞猁捕食时可狡猾了，它潜在树上，前肢抓住树，用树叶掩盖身体，两眼注视着地面上的动静，如有驼鹿等路过，就疾速跳下，猛扑过去，用利齿乱咬乱噬，驼鹿往往被咬而丧生，如果没有得逞，猎物逃走，它也不穷追不舍，仍旧爬回树上，耐心等待下一次机会的到来。有时它还会装死以获取猎物。

猞 猁

树上的小精灵——松鼠

松鼠也叫灰鼠，属啮齿目松鼠科。松鼠非常适应树上的生活，长长的

松 鼠

脚趾生有锐利的钩状爪,利用爪抓住树枝,在树上跑得非常快。后腿比前腿长,用后腿支撑跳跃。毛茸茸的长尾巴起着降落伞的作用。长尾巴还能增加它跳跃的距离。

松鼠主要吃松柏的种子,也吃云杉芽,在雪下寻找橡子和胡桃,有时还吃自己在秋天挂在树杈上的蘑菇。夏天它可吃的食物就多了,有浆果、蘑菇、鸟蛋、昆虫、草籽等。

松鼠通常每年产仔两窝,每窝4~6只。年初在树杈上筑球形的窝,在初春时窝里就有小松鼠了,它们生下将近30天,才睁开眼睛。到一个半月,小松鼠就能在树枝上跑来跑去了。

耐寒的驯鹿

驯鹿是北极苔原地带的特产,它是偶蹄目鹿科动物中最奇特的一种鹿,雌雄都长角,这在鹿类中是独一无二的。

驯鹿是北半球最北部的寒带动物,它分布在北纬50度以北的地区,主要集中在北极圈以内。在我国只有大兴安岭最北部地区有这种动物。这种鹿,中等个儿,肩

驯 鹿

高1.4米,体重250千克左右,角长枝叉多,有的可超过30个枝叉。

驯鹿在欧亚大陆几乎全是家畜或半家畜,只有在北美洲才是野生的。野生驯鹿最大的习性就是集体迁移,这主要是为了寻找丰富的饲料场地。驯鹿的主要食物是白地衣,也吃幼桦、柳树的嫩枝,羊胡子草和蘑菇等。

驯鹿对人用处很大,经人类驯化已有1000多年的历史了。它可以驮物和拉雪撬,还能供给人们肉、乳、脂肪和毛皮,鹿茸也能入药。

北极王者——白熊

白熊又叫北极熊,属食肉目熊科。白熊的毛皮十分珍贵,具有美观、柔软、滑润、光亮和抗冻等优点,是举世闻名的珍品。

现存的白熊只有一种,分布在欧亚大陆和北美大陆最北的沿岸地区和北冰洋中的大部分岛屿及格陵兰岛等地。最大的白熊,有2.7米长、1.3米高,750千克重,在熊类中除棕熊外,论个儿要算第二大了。

白　熊

白熊最主要的特点是它的头和颈都比别的熊的长,其次,它的脚掌下生有密毛,这是其他熊种所没有的,这可使它在冰雪上行走不至于滑倒。白熊的毛很长,皮下有很厚的脂肪,这使它能够常年居住在冰天雪地里,并经常跳进冰冻的海水里捕食动物。

北极圈内的白色精灵——北极狐

北极狐又叫白狐,是苔原地带最有名的食肉兽,属于食肉目犬科。它是最珍贵的毛皮兽之一,它的冬毛纯白色,既暖又轻,华贵美观,是一种高级毛皮。

北极狐在世界上仅有一种，分布在欧亚大陆和北美大陆的最北部。它体长 50 厘米左右。体形比普通狐稍小，夏毛灰褐色，冬毛雪白色，只有两眼和鼻尖漆黑，非常招人喜爱。

北极狐非常适应寒冷的苔原生活，它的冬毛多绒保暖，皮下有很厚的脂肪，可以抵御

北极狐

严寒；冬天的毛与冰雪一样白，是保护色；北极狐是穴居动物，喜欢住在岸边向阳的小山坡下。它喜欢吃各种海鸟、鸟蛋、雪兔、旅鼠及其他啮齿类动物，有时也吃虫和浆果。

北极狐的繁殖力很强，通常每胎产仔 6～12 只，最多可达 22 只。

风靡世界的"活化石"——大熊猫

大熊猫是我国特产的珍贵动物，它只生活在我国四川、甘肃省等少数

大熊猫

崇山峻岭地区，十分稀少，已列为国家一级保护动物。

大熊猫在分类上属食肉目大猫熊科。外形很像熊，身体肥胖，四肢粗壮，头圆、耳小、尾巴短，脚和爪同熊一样。身体的毛色黑白分明，头和体躯乳白色，四肢黑色；白脑袋上有两只黑耳朵和两个黑眼眶，好像戴上一副墨镜。大熊猫的个头儿和黑熊差不多，体长1.5～1.8米，体重100千克以上。

大熊猫的祖先是以食肉为生的，可演变到今天，它却偏爱吃素。大熊猫主要吃竹笋和嫩叶，有时也吃蜂蜜、鸟卵和竹鼠等小动物。

大熊猫生活在海拔2000～4000米的高山带，那里山高林密，空气稀薄，地势险峻，它既会涉水，又会爬树，一钻进竹林，很难被找到，它还有一种惊人的本事，就是能躺在树上睡大觉。

大熊猫的寿命约10～25岁，繁殖力很低，每胎只产一仔，刚生下的熊猫，小得出奇，只有90～130克重，一年后就可达几十千克。两年后就可以独立生活了。

"高原之车"——野牦牛

野牦牛属于偶蹄目牛科，是我国的特产，仅分布于我国青藏高原5000米以上的地区，已被列为国家一级保护动物。

野牦牛

牦牛最主要的特征是毛长，尤其颈胸一带，长达50厘米以上。毛黑褐色，角是圆形的并且斜着向上长。最大的雄牦牛肩高2米，体重550千克。

牦牛喜欢群居，它们经常栖居在空气稀薄、草木荒凉、气候寒冷、食物稀少的环境里，不怕饿、不怕渴，平时吃山上的粗草，实在口渴时才下山喝水。它们白天休息，清晨和黄昏的时候出来活动。秋季繁殖，妊娠期8~9个月，2岁成熟。人们通过长期努力，已把野牦牛驯化成今天的家畜牦牛。有"高原之车"和"冰河之舟"的美称。

"四不像"——麋鹿

"四不像"是珍贵的鹿科动物，学名叫麋鹿。它个儿不大，有角，有一条长50厘米的尾巴。之所以叫"四不像"，就是说它的蹄像牛而不是牛，尾像驴而不是驴，颈像驼而不是骆驼，角像鹿而没有鹿的眉叉。它的尾巴比一般鹿尾长，还生有丛毛。一般体长2米，肩高1米多，体重在100~200千克之间，全身的毛能随季节变化，冬天棕灰色，夏天淡红褐色。不但喜欢玩水，还会游泳，主要在河旁、湖沼地带以水生植物及岸边青草为食。

麋　鹿

麋鹿有争夺配偶的习性。雄麋鹿之间常常发生凶猛的角斗，招致伤亡。雌兽怀孕期10个月，每胎只产一仔。

麋鹿原本是我国的特产动物，到前清时，只在北京南苑的"南海子皇家猎苑"里发现唯一的一群。后来被盗运到国外，在我国就绝迹了。1956年，英国伦敦动物学会赠送我国两对"四不像"，才使它们重新回到故乡繁衍生息了。

杂技演员——海狮

海狮属于鳍脚目海狮科，它的吼声像狮子，雄海狮前额较高，胡须长而浓密，颈部长着雄狮那样的长毛，所以被称为"海中的狮子"。它的4条腿很像鱼鳍，适合在水中游泳，后腿朝前弯曲，既可在陆地上走路，又能像狗那样蹲在地上。

海狮的食量很大，每天可以吞食30～40千克鲜鱼。海狮每胎产一仔，小海狮不会游泳，也不敢下水，后来慢慢地学会了到海里去游泳和捕食。

全世界约有14种海狮，都生活在太平洋和南大西洋。其中，个儿最大的要算北海狮，雄的有3.5米长，重1吨。不过，它胆小如鼠，一有风吹草动，便纷纷从岸上跳入海里逃命。

海 狮

好斗的海狗

海狗又叫海熊，是海狮的"亲戚"。长约1～2米，面貌像狗，头上有高高的额骨，两旁长着耳壳，眼珠转动灵活，满身是浓密的黑色软毛。四肢很短，变成了鳍一般，它在水中游泳倒很方便，可陆上步行就显得艰难了。

海　狗

海狗的雌雄大小差别很大，一只雄海狗体重可达203千克，雌海狗只有36千克左右，雄海狗要比雌的重约4.6倍。一头雄海狗常常有40头左右的雌海狗作"妻子"，最多的有108头。每年繁殖季节，年富力强的雄海狗先到达繁殖场，在海岸或岩石上，占据一块地方，耐心地等雌海狗来。雄海狗的性格好斗，又叫"斗狗"。它们为了争夺雌海狗，常常发生凶恶的斗咬，一直到对方被打败逃走为止。

安详的海牛

海牛身体长3～4.5米，重约450千克。身体像一只灰色的圆桶。圆圆的尾巴向外突出，很像一把铲子。它只有6节颈椎骨，而其他哺乳

海 牛

动物都是 7 节。成年的海牛，身上没有毛，只是头部有稀少的硬毛和触毛。

海牛是一种性好安静，行动缓慢的动物，从来不远离海岸到大洋深海中去。天气晴朗时，常常涌出水面游玩，有时也成群结队在海中游荡。

海牛吃的东西和陆地上的牛相似，主要吃海里的水生植物和海藻，海牛身上有时布满海藻，它就在沙里翻滚，或在木桩上磨擦，打扫自己的身体。

大海的精灵——海豚

海豚是一类非常聪明的海洋哺乳动物。它的智慧超过了猿和猴，是海洋中的"智能动物"。

海豚种类很多，外貌像鱼，背脊上有一个背鳍，上下颌都长牙齿，喜欢在水中成群漫游，吃鱼、乌贼、虾、蟹等。性情温和，能学会复杂动作，记忆力很好。海豚自古就是人类的朋友，不时有海豚从海里救人的报道。海豚的"语言"，同是吱吱声，却有抑扬顿挫，升调降调的区分。有的声音表示：我在这里；有的是求救的信号。经过训练，海豚还能模仿人类的简

海 豚

单音节,懂得人的语言,同人交谈,按照人的指示去工作和表演。

现在,人们已能训练海豚来照料人工饲养的海鱼。实验证明,受过训练的海豚可参加水下救生,或给潜水员传递工具和信件。

不是狐的狸

狸又叫貉或狗獾,外貌长得有点儿像狐,不同的是,体型稍短,身躯肥胖,尾巴没有狐长,吻没有狐尖。狸身体有65~80厘米长,体重4~10千克。两耳很小,嘴巴较小,两颊长着横生的长胡须,两眼下有明显的八字形黑斑纹,满身披着厚实的灰褐色长毛,好像娇小的身躯穿着一件"棉大衣"。尾巴上的毛蓬蓬松松,很容易被认出来。

狸的故乡是中国、日本和俄罗斯西伯利亚,穴居在河谷、山边和田野间。狸不会爬树,在地面挖掘洞穴,足趾不大善于活动,常常用嘴衔住捕到的猎物。狸吃的东西很杂,不论是虾、蟹、鱼、蛙、鼠,还是鲜果、蔬菜、杂草,它都吃。它昼伏夜出,冬季到来时,钻到洞穴里去冬眠,度过漫长而艰苦的岁月。

青藏高原的白唇鹿

白唇鹿是我国青藏高原地区特产的珍贵动物,是鹿类中稀见的一种,

白唇鹿

已列为国家一级保护动物。

白唇鹿体型较大,身长约2米,肩高1.3米,重达130千克左右。它的颈较长,从颈至肩部披着长毛,尾巴很短,只有30厘米长,耳朵又长又尖,鼻子宽阔而厚实。下唇和吻端两边为纯白色,所以得名白唇鹿。

白唇鹿生活在海拔3500~5000米的高山灌林带或山地草原上,吃草类和矮小的灌木。身上有厚密的长毛,不怕寒冷和风雪,四蹄宽大,习惯于爬山越岭。它是群居动物,常作远距离的迁徙,是一种十分顽强和耐苦的鹿。

雄的白唇鹿有长而扁平的角,角有8个分枝,枝位较多,又特别长。新生的嫩角外面包着一层绒毛,就是鹿茸,是珍贵的药材。

伶俐的小熊猫

小熊猫是浣熊科的动物。它的尾巴上有9个黄白毛相间的环纹,所以俗称九节狼。它身长60厘米左右,又粗又长的大尾巴有40多厘米长。圆头宽脸,白色的大耳朵,细眼睛,逗人发笑的白花脸上,长着一个短鼻子。样子有点像猫,又有点像熊,四脚粗壮,足底生毛,爪子有半收缩性。上身披着棕红色的短毛,下身覆盖着黑褐色的细毛,它动作灵巧,能爬上跳下,攀爬到很高很细的树枝上去。

小熊猫也是世界珍稀动物,分布在我国的四川、云南和青藏高原以及

哺乳动物

小熊猫

缅甸、尼泊尔和印度阿萨密的高山密林里，居住在枯树洞或岩石洞中，早晚出来找吃的东西。小熊猫吃野果、野菜、嫩叶、根茎、昆虫、小鸟和鸟蛋，而且在吃食之前，总要先洗一下再吃。

爱清洁的浣熊

浣熊和小熊猫同属浣熊科，它身躯和四肢细长，面有黑斑，鼻子长长

浣　熊

的，身披黄、棕、灰各色的混合毛。它的尾巴上有明显的黑白相间的环纹。浣熊有7～13千克重，主要产在北美洲。

浣熊喜欢住在树洞里，白天睡觉，夜里出来觅食。它什么都吃，包括五谷杂粮，各种果菜，鱼、蛙、兔、鼠、鸟和爬行动物等，在吃东西前，总要把它放到水中冲洗一下，因此叫浣熊。

浣熊不冬眠。到了繁殖期，母浣熊在树洞里产子，每胎生5～6头，浣熊妈妈常靠在树边，坐着给小浣熊喂奶，还轮流给它们洗刷皮毛。

贪婪的狼

狼是犬科动物，遍布亚欧和北美洲等地，种类也很多。

狼长得像狗，只是个儿比狗稍大一些，眼较斜，口稍宽，吻略尖，尾巴短些。尾巴从不卷起，只是垂在后肢间，耳朵竖立不曲。皮毛一般是灰黄色，有时产地不同，毛的颜色也有差别。

狼生性残忍、机警、多疑和狡猾，它那尖锐的犬齿可以将食物撕开，狼的视觉、嗅觉和听觉十分灵敏。平时，它单独活动，或雌雄同居。到了冬季，就聚合成群，合作出猎，同类很少自相残杀。

狼

狼吃的食物很杂，主要捕猎较小的或病弱的动物，如野兔、水獭等，还有家禽、家畜，有时也袭击大动物。狼的食量还很大，一次能吞吃十几千克肉。狼在牧区对牛羊，甚至对人都有很大的危害，有的国家甚至用直升飞机来消灭狼群。

凶狠的豺

豺又叫豺狗，是野犬的一种，是非常凶狠和强悍的动物。它分布在俄罗斯、中国、南亚和东南亚各国。

豺

豺比狼小，比狐大，长约1米，额较低，耳朵较圆而小，吻比狼短。豺大都群居在山地、丘陵的森林带，既耐寒又耐热，适应性很强。豺既诡计多端，又贪得无厌，同时还十分勇猛和大胆。除了犀牛、大象和老虎外，其他野兽都不是它的对手。豺的主要食物是野猪和小鹿，有时也敢围攻水牛、野牛和大鹿，甚至从老虎口中夺取食物。遇到大动物时，豺喜欢集体活动，常常边追边咬，几只你一口我一口，就把一只大动物瓜分了。有趣的是，豺对温和的大熊猫却无计可施，常常败下阵来。

奸滑的貂熊

貂熊又叫狼獾,它是貂的亲戚,身躯和腿粗壮得像熊,所以叫貂熊。

貂熊身长 90~105 厘米,体重 15~18 千克。身披黑褐色长毛,胸腹部两侧、额部和两颊的毛淡褐色。喉部有白色的斑纹。四肢粗壮,脚掌下有毛,爪子长而弯,是捕食的有力工具。貂熊主要生活在亚欧两洲北部,北美洲的寒带森林区和我国大兴安岭林区。它喜欢居住在石崖间或岩石下,既会爬树,又会游泳,白天睡觉,夜里出来抓兔、鼠、河狸、鸟等小动物,甚至到猞猁嘴里抢东西吃。由于貂熊的数量极少,我国已将其列为一级保护动物。

貂 熊

草原上的"长跑健将"——高鼻羚羊

高鼻羚羊也叫赛加羚羊,属于偶蹄目牛科,是草原上的珍贵动物之一。高鼻羚羊一般肩高 75 厘米,体重 35 千克,全身生有苍灰色的密毛,入冬后毛色变为灰白。雄羚羊长角,雌羚羊只在头上有一个小突起。雄羚羊的角往头顶上长，比较直，最大的有37.4厘米长，上面有11~13个环节，角的颜色像黄蜡，半透明，角尖稍带黑色并有点钩状。这就是中药里贵重的羚羊角。高鼻羚羊有一个特殊的鼻子，整个鼻子很长，鼻腔非常肿胀，呈管状下垂，鼻孔长在最尖端。因此称为"高鼻羚羊"。

羚 羊

高鼻羚羊常成群活动，吃多种植物，奔跑时作跳跃式前进，最快每小时可奔跑60千米，能赛过一般快马的速度。所以，高鼻羚羊被称为草原上的"长跑健将"。

家马的祖先——野马

野马又叫蒙古野马，属奇蹄目马科，是世界珍奇动物之一。野马长得像家马，毛呈棕褐色，个矮腿短，通常没有垂在额部两眼间的一簇长毛，鬃很短而且直立；尾巴上的长毛，不像家马那样由基部而生，而是由尾根上1/3处开始长长毛；蹄小而圆。

野马生活在草原上，夏季由一匹雄马率领10多匹雌马和幼马，边走边吃草或其他野生植物。到了冬天，小马群变成了大马群，共同找吃的，共同对付狼群。野马还每天定时到河边或池塘边喝水，然后在附近休息几个

野　马

小时。野马一般在6月交配，第二年4~5月下驹。

"小型掘土机"——旱獭

旱獭又叫土拨鼠，在动物分类学上属于啮齿目松鼠科，是草原中经济价值较大的毛皮兽，生长在北半球温带草原和半荒漠及丘陵和山岳地带。

旱獭的外貌有点像兔子，它体形肥胖，头短而阔扁，上唇开裂，听觉、

旱　獭

视觉都很敏锐。四肢粗壮有力,尾短,耳朵小。它的毛色随季节发生变化,但背部一般为棕色或稍杂黄白色,头顶到鼻部和尾部深棕色,颈侧及四肢浅黄色,腹部为土黄色。

旱獭生活在气候凉爽、干燥的环境里。它善于掘土,在它的生活区,往往一块地方有几百、上千个洞穴,每个洞穴中居住着几只到十几只旱獭。晴天,它们爱在洞穴前晒太阳,如果遇到惊吓,立即钻入洞穴里。旱獭喜欢吃各种青草的叶子、草根和种子。旱獭冬天在洞中进行冬眠。

全身都是宝的梅花鹿

梅花鹿属于偶蹄目鹿科,是一种极其珍贵而又稀有的经济动物。梅花鹿全身红棕色,身体两侧生有整齐而明显的白色圆斑,远远看去好像一朵朵梅花,所以叫"梅花鹿"。雄鹿的角很长,每年换一次角,脱落旧角,长出新角,雌鹿没有角。每脱一次,角上就增加一个分叉,一般最多有4个分叉,一只健壮的成年雄鹿,每年可以锯收两次鹿茸。

梅花鹿

梅花鹿胆子很小,是一种极易饲养的温顺动物。但目前,野生的梅花鹿数量已非常稀少了,被国家列为一级保护动物。

梅花鹿的全身都是宝,鹿茸是世界闻名的滋补良药,鹿胎、鹿脯、鹿尾、鹿鞭、鹿肾、鹿骨等都可制药，鹿肉鲜美，鹿皮可制革。

最凶猛的食肉兽——老虎

老虎起源于亚洲东北部，向西和向南发展，其分布范围较广，从西伯利亚一直伸展到马来群岛。主要有印度虎、爪哇虎、东北虎、高加索虎、孟加拉虎、巴厘虎等种类。野生的东北虎，现在世界上数量很少，估计不足 400 只。仅分布在亚洲东北部，即我国东北、俄罗斯和朝鲜部分地区。东北虎群中，曾有身长 3.9 米，身高 1.15 米，体重 320 千克的大虎。老虎头又大又圆，四肢粗壮有力，尾较长。背部和体侧橙黄色，腹面白色，全身布满黑色横斑，尾部成黑环，这是一种保护色，使它能巧妙地隐藏在森林草丛中不被发现。它虽不会爬树，但会游泳。

老 虎

老虎可称得上是森林之王，凡是可食的动物，它都吃。老虎最厉害的"武器"就是它强大的爪子和巨大的犬齿。它的舌头上还有很多尖刺，无论是什么动物，只要落入它的口中，也只能任其宰割了。

拦河修坝的河狸

河狸又叫海狸，主要产在俄罗斯、北美洲和我国新疆。河狸身体肥胖，

河　狸

身体长约70厘米，体重20千克。全身的毛棕褐色，前肢弱小，有一对锋利的爪子，后肢发达，还长了蹼，尾巴大而扁平，是游泳和潜水的好手。有趣的是，河狸还有一套拦河筑坝的本领呢。它总是选择靠近森林的小溪、小河作为坝址，然后选长短、粗细合适的白杨树，用它尖利的牙齿锯倒它，有时锯一棵大树要连续劳作十几个夜晚呢。下一步，它们把树干分段咬开，齐心合力将短木拖到河中，借助河水把短木冲到坝址。这时，河狸开始筑坝了，先把粗大的树枝用劲插入河底，再用带叉的树干将它撑住，靠下的一头顶在石头上，非常牢固，最后用细树枝、黏泥、石块填塞在立木之间，压得紧紧的，大坝一点也不漏水。河狸修的坝还很长很大呢，在美国杰斐逊河上，河狸修筑的大坝足有700米长，坝上可以骑马跑过。

角马的"长征"

　　角马是非洲的著名珍贵动物。共有两种：一种个儿较大，尾巴黑色，叫黑尾角马；另一种个儿较小，尾巴白色，叫白尾角马。它们的头像牛但有胡须；身体像羚羊而头颈却又粗又短，有鬃毛；尾巴像马，长而多毛，所以又叫牛羚。

　　每年7月末到8月初，角马从坦桑尼亚的塞伦格提向北方挺进。这是角

角 马

马一年一度的季节性大迁徙。角马的迁徙是非常艰辛的,它们要日夜兼程,越过峡谷、河流,抵抗猛兽的袭击。这千辛万苦的"长征"是迫不得已的。因为每年12月到第二年7月份前,塞伦格提平原气候凉爽、干燥,地上满是嫩草,角马可以不愁吃喝地生活在这里。可是,7月初进入雨季后,角马的粮源就断了。所以它们选择了迁徙。

浑身长刺的豪猪

豪猪又叫箭猪、刺猪,广泛分布在我国的长江流域和西南各省。它的身体肥壮,体重十几千克,身体长50~70厘米,牙齿锐利,头部有点像老鼠,全身棕褐色,从背部直到尾部披着簇箭一样的棘刺,臀部棘刺长而集中,尾巴隐藏在刺里面,不容易看到。它身上最粗的长刺像筷子,呈纺锤形,最长的可达40厘米,每根刺的颜色是黑一段白一段,黑白相间的。豪猪居住在洞穴里,每年繁殖一次,每次产仔2~4只,刚生下的小豪猪的刺是软的,但很快会变硬起来。

豪猪遇到敌兽时,它屁股上的长刺会立即竖起,并发出"沙沙"的声音警告对方。如果敌兽再紧紧相逼,它就转身用屁股相迎,把刺刺进对方

豪 猪

肉里。有时候虎、豹被豪猪刺伤后,会造成烂舌头和瞎眼睛。

长江的宠儿——白暨豚

白暨豚又叫白鳍豚,是我国特产的一种淡水鲸。只生活在我国洞庭湖及其附近的长江中下游,是我国的一级保护动物。

白暨豚身体上部呈漂亮的蓝灰色,腹部洁白,皮肤光滑。体长 1.5~

白暨豚

2.5 米，重达 230 千克。它的眼睛小得像绿豆，耳孔有针眼大小。它的嘴部长达 30 厘米，嘴里长有 130 多颗牙齿，习惯用长吻伸到湖中烂泥里去捉鱼吃，无论多么光滑的鱼都难逃它的牙齿。

虽然白暨豚的视力不好，但是它的身体内有独特的发声和接收回声定位的组织，频率都在超声范围，是超过现代化声呐设备的活雷达。它的上呼吸道有 3 对奇异的气囊和一个喉，能在水中发出不同的声音，用来进行回声定位，识别物体，探测食物，联系伙伴和逃避敌害。

海里最小的哺乳动物——海獭

海獭又叫腊虎，体长 1 米左右，它的尾巴约 30 厘米，占体长的 1/3，头小，躯干肥大，呈圆筒状；前肢短，能抓东西；后肢又扁又宽，趾间有蹼，状如鱼鳍，便于游泳和潜水。海獭大部分时间生活在水中，只有在休息和生育时才爬到岸上，别看它在水中游动自如，到了陆上就显得十分笨拙了。

海　獭

海獭的主要食物是海胆、贻贝和海藻等，因为海胆等动物的壳坚硬，用牙是咬不破的，它就先把海胆、贻贝等动物和石头一起挟在前肢下面松驰的皮囊中。浮出水面后，它就把石头放在胸部，用短粗的前肢挟着海胆在石头上撞击，直到壳破肉出，方才吞食。

非洲丛林之王——大猩猩

大猩猩属于灵长目类人猿科，是猿猴类最大的动物。长得最壮大魁梧的雄大猩猩，身高可达2米，体重可超过290千克，力大无穷，身体强健。雌大猩猩一般身高不超过1.4米，体重150千克左右。

大猩猩是非洲丛林之王，分布在非洲西部低地和非洲中部高山地带。主要食物是各种野菜、嫩芽和野果，很少偷吃农作物。如果人和野兽向它进攻，它就会用足有几百千克臂力的"手"来反击，所以连凶猛的非洲狮也不敢惹它。

生活在热带丛林中的大猩猩是聚族而居的，一个家族少则3~5只，多的可达10只以上，由一只最大最强壮的雄大猩猩当"家长"，它们一块儿生活，一块儿活动。

大猩猩的智力很发达，自然寿命为20~26岁。目前，地球上大猩猩的数量已非常稀少了，仅余不到2000只，而且非常难得一见。

聪明的黑猩猩

黑猩猩是几种猩猩中个儿最小、最聪明的。它的家乡在非洲中部和西部森林，它也属于灵长目类人猿科。一身黑毛的黑猩猩长得和大猩猩差不多，只不过它的头顶较平，不像大猩猩的那样尖，而且还长着一对非常显眼的扇风耳。平均身高在1.2米~1.4米之间，体重45~75千克。

黑猩猩主要生活在树上，会造简单的屋。它们并不定居，常常是每天晚上搬一次家。幼年的黑猩猩最聪明，还很活泼、温顺。教什么，很快就能

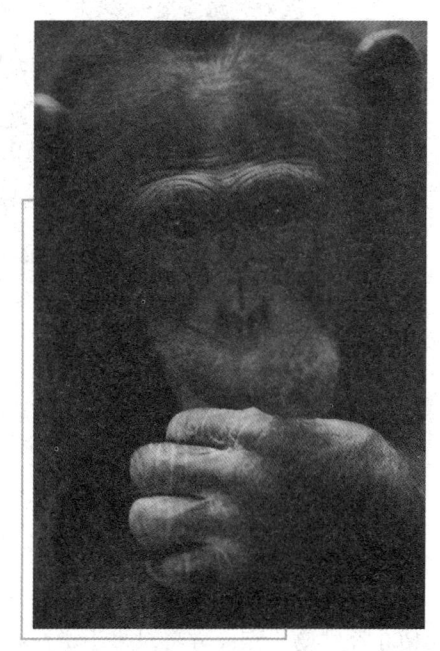

黑猩猩

学会。有的黑猩猩会滑冰、骑自行车等。黑猩猩的聪明不仅表现在模仿方面，而且在思维和理解方面也到了一定的程度。科学界一致认为，黑猩猩是除人类以外最聪明的动物，它的智力在5～6岁达到顶点。黑猩猩的平均寿命在25～32岁左右。

"林中野人"——猩猩

猩猩的老家在亚洲的苏门答腊和加里曼丹。猩猩和大猩猩、黑猩猩是同族兄弟，比大猩猩小，比黑猩猩大。猩猩身上的长毛稀疏柔软，好像得了毛发脱落症。它的胳膊又长又粗，腿却又短又弯，又圆又大的脑袋上长着两个很小的耳朵。

猩　猩

猩猩喜欢在树上攀援行走，它的两只长胳膊灵活有力，在树与树之间就像荡秋千一样，自在快活。一旦离开树林，到了地上，它就显得十分笨拙迟缓了。它爱吃果实和嫩叶。

猩猩不喜欢群居，而以小家庭的形式生活，老雄猩猩性情孤独，常常像老和尚打坐一样，一动不动地坐着。年老的猩猩性情暴烈，猩猩之间的搏斗经常要斗到一方将对方手指或脚趾咬掉了几个才肯罢休。

高音歌唱家——长臂猿

长臂猿在动物分类学上属于灵长目,它和黑猩猩、大猩猩、猩猩合称为四大类人猿。长臂猿生活在马来群岛、印度和我国云南西双版纳和海南省的亚热带、热带森林中。世界上共有 13 种长臂猿,最著名的是白掌猿。

长臂猿身长不过 1 米,体重 7~14 千克,没有尾巴,头小而圆,两臂特长,伸开能过 1.6~1.8 米,超过体长,直立时手触地还有余。在树间常用"臂行法"行走,即两臂交互摆动悬跃攀树前进,其速度几乎赶上飞鸟。它们手脚并用,连攀带跳,两棵树间三四米远的距离一跃而过,最远可跳 10 米。可走起路来,由于两臂太长,无处可放,只好举在头上,像是在投降,样子滑稽可笑。

长臂猿

长臂猿擅长鸣叫,就是一种警告信号,随后就全体动员,连吼带叫地一齐参战。长臂猿一胎只生一只,7 年左右才能成熟,如果不加以保护,也有灭绝的危险。

稀有珍贵的白头叶猴

白头叶猴又叫白猿，只产在我国广西南部，不但是中国特产动物，还是世界著名的稀有猴子，已列为国家一级保护动物。

白头叶猴

白头叶猴的身体纤瘦，四肢细长，头顶有冠毛，好像戴着一顶白帽子，没有颊囊，尾长过身，体重8～10千克，它的体色，从头部到肩部为白色，手脚背面也杂有白色，尾巴是黑色的，但最末端则为白色。白头叶猴生活在岩溶地区，居住在岩洞和石缝当中，它那纤瘦的身躯、细长的四肢，就是适应树栖和岩栖的特征。白头叶猴善于跳跃，活泼好动，常常跳跃翻腾于山岩和树梢之间，靠它的长尾平衡。

长着"狗嘴"的狒狒

狒狒是非洲热带草原最著名的猿猴类，属于灵长目猴科。狒狒的外形像狗，尤其是它的长嘴巴非常像狗嘴。它面貌丑陋，深红色的鼻子和臀部一大片鲜红色形成鲜明的对比。雄狒狒不但魁梧，而且头的两边到肩背还披着很长的毛，好像渔翁的蓑衣，因而又叫蓑狒狒。

狒狒喜欢结群，一群往往有百只以上。每群由若干个家族联合而成，

狒狒

有一只狒狒王，其他狒狒都听它指挥，每一群狒狒都占据一块非常广大的地盘，在这里它们整年地往来周游。狒狒还懂得用石块作武器，它们只用石块对付"敌人"，而不用这种武器对付自己的伙伴，即使是在发怒的时候，它们也只是从地上抓起石头抛向天空，而决不会投到伙伴的身上。

"吸血鬼"——蝙蝠

蝙蝠是一种会飞的兽类，属于哺乳纲翼手目。它是动物中的听觉冠军。蝙蝠可以根据回声的快、慢、先、后辨别前方是食物还是障碍物。这样，即使是在伸手不见五指的黑夜里，它也能躲开障碍物去捕蚊子、苍蝇和飞蛾。蝙蝠的眼睛其实并没有什么太大的作用。在蝙蝠的前肢和后腿之间，有薄薄的、没有毛的翼膜，好像鸟

蝙蝠

的翅膀一样,所以,蝙蝠能够在空中飞行,不过,它不喜欢阳光,白天在洞中倒挂着休息,晚上才出来活动。

蝙蝠根据个儿大小,分大蝙蝠和小蝙蝠两大类,大蝙蝠主要吃果子,小蝙蝠吃鱼、吸血、吃花蜜、花粉。在南美洲的热带森林中有一种吸血蝠,以吸动物和人的血为生,是名副其实的"吸血鬼"。

性情懒惰的树懒

树懒是南美洲热带森林里的一种原始的奇特动物,属于贫齿目树懒科。树懒约有9千克重,毛又长又厚,头小而圆,尾短,灰褐色。由于身上常常长有地衣和藻类植物,所以从远处看上去是绿色的,挂在树枝上不容易被人发现。

树　懒

树懒常年居住在树上,生活习性极其特殊,睡觉、休息、行动和吃东西等都是倒挂在树上,如果把它弄到地面上,它却站立不起,总是摔跤。它常常用发达的爪子倒挂在树干上昏昏欲睡。它的一切动作都非常缓慢,把一条腿抬起几厘米就需要30秒种左右。连打个喷嚏也慢得出奇。由于消耗体力很少,所以,它只吃极少的树叶、甲虫、野果、藻类就够了。树懒一生都不喝水。如果没有食物，树懒也可以忍饥挨饿，有时可忍受一个月之久。

珍奇的金丝猴

金丝猴被认为是中国最著名的珍贵动物。它的脸是天蓝色的，周围长着绒毛，圆溜溜的黑眼珠，朝天的鼻子，所以又叫仰鼻猴。它的尾巴比身躯还长，身上披着金黄色的长毛，背毛长达35厘米以上，宛如肩披金黄的蓑衣。小猴的毛色浅黄，大猴则黄中带红，在阳光下像金丝那样闪闪生光，因此叫金丝猴。

金丝猴机智倔强，动作灵活，喜欢在高大的树冠上攀援腾跃，嫩枝、幼芽、树叶、树皮、竹叶、野果、种子、竹笋它们都喜欢吃。一般来说，金丝猴喜欢成群活动，每一群有一个猴王，大猴、小猴都得听它指挥。如果有一只猴子受伤，其他猴子都会过来救护。

蚂蚁的"天敌"——食蚁兽

食蚁兽是中、南美洲具有沼泽的热带森林里的特有动物，属于贫齿目食蚁兽科。食蚁兽长相古怪，一个长而尖细的嘴和一个大而蓬松好像一把

食蚁兽

大扫帚似的尾巴，是它最显著的特征。它身体呈灰色，背脊两边有宽阔的黑色条纹，条纹旁边还有白色的边。它小眼睛、小鼻子、小耳朵、小嘴巴，没有牙齿，舌头又细又长，富于伸缩。身长2～2.4米，体重30～35千克。

食蚁兽喜欢生活在河边、低湿草地或森林湿地，食蚁兽捕蚂蚁有两样武器：即它的爪子和长舌。它的爪子十分强大，不但能挖掘蚁穴，而且还是自卫武器，能抵挡敌兽的尖牙利爪。它的长舌有丰富的黏液，能把白蚁吸入口内。

食蚁兽每次产1仔，哺乳期7个月，雌兽经常将幼兽放在背上行走。食蚁兽脾气温和，对人畜没有危害，是一种对人类有益的动物。

可爱的树袋熊

树袋熊又名考拉，属于有袋目袋鼯科。它是生活在澳大利亚桉树林里最珍贵的有袋动物。

树袋熊胖乎乎的身体大约有70～80厘米长，毛厚又软，圆滚滚的脸，炯炯有神的眼睛，长相很像熊。它没有尾巴，耳朵长满密毛，鼻子光秃秃

树袋熊

的，非常突出，好像贴上一块黑色橡皮膏。

树袋熊性情温顺。一般一胎只产一仔，偶尔也有双胞胎。小兽在母亲的育儿袋中生活，出袋后常骑在母兽的背上，直到长成和父母一样大。

树袋熊只吃一两种桉树的叶子。它的英文名字"考拉"就是"不饮"的意思，因为它长年栖居在树上，很少下地饮水。

陆地上最大的动物——大象

大象自成一目，叫做长鼻目象科。世界上有两种大象：一叫非洲象，高3米多，重5~6吨；另一种叫亚洲象，高2米多，重3吨多。

象的鼻子用处太大了，除了嗅觉外，它能搬运木材，吸水冲刷自己的身体，吃东西、饮水。象鼻还是作战的武器。

象牙也是大象的武器。非洲象雌雄皆有突出的长牙，而亚洲象只有雄象门齿外露，雌象门齿大多数藏在口里不突出来。

大象是一种合群的动物，一般每群有20~40只，它们一同觅食，一同迁移。每个象群中都有一只雄象作为"领导"。象是长寿的动物，一般可活到100~120岁。

大　象

铠甲武士——穿山甲

穿山甲又名鲮鲤，属于鳞甲目鲮鲤科，是全身披着盔甲的一种怪兽。穿山甲的身体狭长，头部又尖又长，四肢粗短，尾巴扁平。它那尖细的嘴巴像一支笔管，它没有牙齿，全靠一根细长而有黏液的舌头，舐食白蚁和蚂蚁等小虫子。它的身上不长毛，满身披着一层扁平的角质鳞甲。

穿山甲

穿山甲过着雌雄共栖的穴居生活。夜间爬出洞外，它走路时，前肢指关节着地，跪着行进。它常用强有力的爪子扒坏白蚁的巢，伸出又长又黏的舌头，舐食蚁群和其他昆虫。因为穿山甲没有牙齿，所以吃的食物全靠胃里留存的几块小石子来研磨。它的视觉很差，但嗅觉却很灵敏。而且胆子又非常小，一旦遇到惊吓，就蜷缩成团，再凶猛的野兽，见到了这团满身鳞甲的怪物，也无从下嘴。

世界上最大的羚羊——大羚羊

大羚羊又叫大角斑羚。一般身长2.8~3.3米，肩高1.7~1.8米，体重600~900千克，是世界上最大的羚羊，最大的个儿同水牛差不多。它的毛棕色或者灰黄色，肩背上有横跨身体的细白纹。雌雄大羚羊都有角，角的

大羚羊

形状像旋曲的钻头一样，雌羚羊的角细而长，最长可达1米以上，雄的一般不超过90厘米。

大羚羊主要生活在非洲有疏林的草原地区，它们群居生活，有时一群达50～100头以上，年长的雄大羚羊做"大王"，率领大家一起找东西吃，有趣的是大羚羊能够用它的角来摄取食物，这是羚羊类中少见的现象。它喜欢把一根小树枝夹在两角之间，头猛的一扭，树枝就折断了，成了它的食物。

凶猛暴烈的野水牛

野水牛属于偶蹄目牛科，是一种大型食草兽。野水牛是家水牛的祖先，只不过比家水牛个儿大。其中，最大个儿的是南非野水牛，它身长2.6米左右，肩高1.6米以上，体重约600千克。它的角不像亚洲水牛的角那样从额两旁生出，而是从额正中间生出并且两角基部接连起来，形成一块坚强的盾。两角尖端相距很宽，最大距离可1米以上。

野水牛在东南亚和非洲都有分布，喜欢吃青草和水草。它们成群栖息在江湖附近的草原或沼泽地带，白天休息，一早一晚外出觅食。晚上集群睡觉，母牛和小牛睡在中间，公牛睡在外围，以防不测。雄野水牛力气大、

野水牛

性情凶暴，连狮子、老虎一类的猛兽也不敢轻易惹它。

黑白分明的斑马

斑马是非洲的特产动物，是热带草原的象征，属于奇蹄目马科，因为

斑　马

它身上有一条一条的鲜明的斑纹，所以叫斑马。

斑马除了身上的斑纹特殊之外，在形态上和普通马差不多。斑马身上黑棕色和白色相间的光滑条纹，很像一幅美术图案，在太阳的照射下更显得黑白分明。这些条纹是适应环境的保护色。因为在阳光或月光的照射下，反射光线各不相同，起着模糊或分散斑马身体轮廓的作用，远远望去，很难将它同周围环境分辨开来。斑马的"集体主义"精神很强，常常是几十匹成群结队地巡游觅食，有时羚羊、鸵鸟也参加它们的行列。

世界上最高的动物——长颈鹿

长颈鹿属于偶蹄目长颈鹿科，是世界上最高的动物。它的头颈和腿都很长，站立起来有6米高。

长颈鹿

长颈鹿生活在非洲东南部，常成群站立在稀树草原中，一动不动，每群约有几十只。它们爱啃食阿拉伯橡胶树的叶子，很少喝水，这是因为它们的脖子不容易弯曲，腿又很长，要想喝水，必须把前面两条腿分别伸展到两边，或者跪在地上，才能使头部碰到水面喝上水，它们每喝一次水要费很大的劲，此时特别容易受到敌兽的侵害。

长颈鹿性情温顺，它能和羚羊、斑马等动物和睦相处，从不打架。长颈鹿还是个"哑巴",这是因为它没有声带,即使在极痛苦或非常恐惧时也从不鸣叫。长颈鹿走路姿态非常斯文,但跑起来速度相当快,连马也赶不上。

"神奇之兽"——犀牛

犀牛是一种厚皮的大型食草兽,虽然它长得很像牛,但在分类学上和马相近,属于奇蹄目犀科。

犀牛体重 1000～3600 千克,体长 2～4 米,是第二大的陆生动物。犀牛身体肥胖,四肢粗壮,角生在嘴上,门齿不发达,毛极稀少,呈微黑色,皮厚而韧,多褶缝。它眼睛小、视力弱,智力也差,别看它模样笨拙,听觉和嗅觉却很灵敏,动作也敏捷,它有一个怪脾气,一旦发现目标活动,就会来个突然袭击,快速向目标猛冲,这时就连大象和野牛也都远远地躲着它。

犀 牛

犀牛虽然蛮横凶猛,但它却有最知心的朋友——犀牛鸟与它作伴,因为犀牛身上有一些褶缝,皱折里钻进了各种寄生虫,叮咬它的皮肤,痛痒难忍,而停在它背上的犀牛鸟,则经常在它皮肤的皱折处觅食小虫。难怪有人称它们为犀牛的"私人医生"。犀牛繁殖力不强,一胎只生一头,大约活50年。犀牛角是名贵药材。

大嘴巴的河马

河马是生活在非洲大河和湖泊里的半水栖大动物。有3~4米长，1.5米高，3~4吨重，它身体光滑无毛，腿短身体圆，嘴大鼻子宽，头大耳朵小，眼睛向外突出，鼻孔、眼睛和耳朵全长在脸的上部，几乎成一平面，当它潜伏在水中的时候，只有眼、鼻、耳露在外面；它的一对下门齿不是向上长，而是向前突出，样子非常难看。河马的皮肤是黑紫色的，排出的汗是红色的。

河　马

河马喜欢成群生活在水中，吃水生植物，它们的胃口很大，一头河马每天能吃100千克草料。河马虽然长相丑陋，但很温柔，从不伤人。

河马每次产1仔，妊娠期8个月，5岁左右成熟，寿命约30岁。

并非兽王的兽王——狮子

狮子是食肉目猫科动物。被人们称为"兽中之王"。狮子最大的特点是头大，雄狮颈上肩头有很长的鬃，尾端有一个相当大的毛球，一头雄狮有3米长，200~250千克重。现在世界上的狮子只有两种：一种是非洲狮，生

活在非洲的稀树草原和印度的吉尔丛林区；另一种是美洲狮，产于南美的

狮　子

丛林和丘陵地带，大小和金钱豹差不多。

野生的非洲狮，常常30只左右成群活动，内有一只雄的狮王。狮子习惯于白天休息或睡觉，晚上才外出活动。一般是在早上晚间出来找东西吃，它们喜欢扑食斑马、角马、长颈鹿、羚羊和野猪等动物。雄狮十分懒惰，一整天中，有20个小时是在睡觉和休息中度过的。平时，不是从较小的动物那里抢夺食物，就是从雌狮那里抢占猎物，或是寻找动物的尸体吃。由于食物不足，它常常把仅有的食物吃光，让幼狮活活饿死。雄狮并不是想象中的捕猎英雄，在行为上也不具"王者"风范。

"戴盔披甲"的犰狳

犰狳是一类"戴盔披甲"的野兽，生活在南美洲、中美洲和美国南部地区。属于贫齿目犰狳科。

犰狳的身体很特殊，全身披有坚硬的盔甲并分成前、中、后三段，前后两段有整块、不能伸缩的骨质鳞甲覆盖，中段的鳞甲成带状，与肌肉连在一起，可以伸缩。尾巴和腿上也有鳞片，鳞片之间还长着毛，腹部只长密毛，没有鳞片。

哺乳动物

犰狳

犰狳夜间独自出来活动，杂食性，昆虫、蠕虫、鸟蛋和小蜥蜴等都是它的美味佳肴。它的食物大多数是害虫，所以，犰狳是人类的朋友。犰狳具有高度的掘土能力，有的种类能在坚硬的土地上掘洞，几分钟内就把自己全身埋入土中。

"跳远健将"——袋鼠

澳大利亚是袋鼠的故乡，共有50多种袋鼠，其中大灰袋鼠和大赤袋鼠是整个袋鼠家族的"巨人"，鼠袋鼠则是这个家族的"侏儒"。

大袋鼠体形很像老鼠，但头小耳大。身长约1.5米，体重将近100千克。袋鼠的后腿和尾巴强大有力，平时它用后腿和尾巴支持身体，成为一个"三角架"，往往一跳有7米远，3米高，每小时飞跑的速度可达48千米以上。跳跃时摇动尾巴像舵一样，维

袋鼠

持身体平衡。它们的主要食物是青草、树皮、树叶和嫩枝。

袋鼠的特殊之处是在它的腹部生有一个皮袋，刚生下的小袋鼠只有 2 厘米长，比小手指头还细，半透明状好像一条蠕虫。小袋鼠在爬进育儿袋后，就会吃奶了，它们要在育儿袋中生活 8 个月才能外出活动，但一有动静就赶紧钻进袋内。出袋后的小袋鼠，要经过 3 年左右才能长成熟。

"半鸟半兽"的鸭嘴兽

鸭嘴兽是世界上最原始的哺乳动物，属于单孔目鸭嘴兽科，是澳大利亚特有的珍稀动物，仅分布在澳洲东南和塔斯马尼亚岛上。鸭嘴兽虽然是兽，但有好多地方与爬行类或鸟类相似。它的嘴很像鸭子嘴，脚上有蹼和距，口中没有牙齿，卵生，这些特征很像鸟类；它的体温很低，并且在短时间内能上下波动好几度，这一点又很像爬行类。鸭嘴兽是游泳能手，用脚蹼当作桨，尾巴当作舵，尽情在水中吃小鱼、贝类、水生昆虫、甲壳动物和蠕虫，它的口腔里有一个袋状的颊囊，等到口袋里装满食物，它们就返回窝中慢慢享受了。

鸭嘴兽不同于所有的兽类，而和鸟类一样，是卵生的。只在腹部有小孔，所以在喂奶时，只好仰卧，幼兽爬到它的腹部吸奶。这在哺乳类中是

鸭嘴兽

独一无二的。

沙漠之舟——骆驼

骆驼属于偶蹄目骆驼科。世界上只有双峰驼和单峰驼两种骆驼。我国产的是双峰驼，背脊上有前后两个马鞍一样的驼峰。

骆驼喜欢住在灌木或荆棘丛生的牧草地，能利用荒漠半荒漠中粗糙的植物作饲料，能忍受酷热和严寒，并能在长期缺水的条件下正常生活。这是因为骆驼的两座高高的分驼峰，可以储存40千克脂肪。而又由于它一次喝水多，能在10分钟内喝下100多升水，排水少，夏天一天只排出一升左右尿，而且不轻易张嘴。所以能在沙漠中8天不喝水也不会喝死。

骆驼不怕风沙，主要靠它的鼻子和眼睫毛在起作用。它的鼻孔里长有可以关闭的瓣膜，可以免受风沙之苦，眼睫毛又是双重的，确保风沙吹不进眼里。它的脚掌也很奇特，掌下生有宽厚的像弹簧一样的肉垫，走路时脚趾在前方叉开，这样，在沙面上走路不会陷到沙窝里去。

骆驼被驯化得很早，我国人民在西汉时就用骆驼作为通向西域的交通工具。它也是在"丝绸之路"上驮运货物的动物。

骆　驼

活的挖掘机——鼹鼠

鼹鼠是生活在地下的食虫类的动物,被誉为"活的挖掘机"。

鼹鼠喜欢在疏松潮湿的土壤里掘筑巢穴,它的身体前端有个尖韧的鼻子,是天生的钻洞工具;头颈又粗又短,肌肉发达,能支撑鼻子向前挖掘;嘴的周围生有长长的毛须,尾小而有力,耳朵没有外部,很适合在狭隘的隧道里奔来奔去。由于怕土粒进到耳朵里,所以时常关闭耳孔。它的前爪长着5个趾,宽扁像铁铲,挖起土来很有力;它全身生有密短柔滑的黑褐色短毛,毛尖不固定朝着某一方向,所以在隧道中行动时,不会和四壁发生摩擦。鼹鼠依靠自身的特殊构造,掘筑了四通八达的地下巢穴和隧道。鼹鼠爱吃各种昆虫的成虫、蛹和幼虫,还吃小青蛙、无毒小蛇、老鼠、小鸟、蚯蚓、蜘蛛、蜗牛等。它一天能吃掉比自己身体还重的食物呢,而且只要12小时不吃东西,它就会饿死。

鼹鼠

世界上最大的鹿——驼鹿

驼鹿又叫麋,属于偶蹄目鹿科。主要分布在欧亚大陆和北美大陆的北部地区和我国的大兴安岭北部,已被列为国家二级保护动物。驼鹿身高超

驼 鹿

过两米,体重超过 600 千克,是世界上最大的鹿。它的腿很长,有 1.2 米长,肩部向上隆起,脖子短,雄驼鹿头上长着一对分杈的大角,好像一对仙人掌;雌驼鹿不长角,无论是雌的还是雄的,脖子下都有一个肉垂,上面长有很长的毛,垂到喉下。

驼鹿是水陆皆能的动物,它在池塘、湖沼中跋涉、游泳、潜水、找东西吃,行动十分轻松敏捷,一次可以游 20 千米,还能潜入 5.5 米深的水底寻找水生植物,然后升到水面呼吸和咀嚼。一边泡澡一边吃食是它最高兴的事了。在陆地上,驼鹿奔跑也极快,每小时可跑 55 千米以上。驼鹿的食物是树叶。驼鹿每年 5~6 月产仔,每胎 1~2 个,小鹿随妈妈生活一年,3 岁时成熟。驼鹿的平均寿命约为 30 岁。

"动物短跑冠军"——猎豹

猎豹是世界上奔跑最快的哺乳动物。它的外形像金钱豹,但略瘦小一些,它的头和身体有点像猫,4 条腿像狗,叫声像美洲豹,也会像鸟一样"唧唧"地叫。猎豹喜欢独来独往,或者公母一对出来活动,生活在非洲大草原上的干燥地区。猎豹的短跑纪录是每小时奔跑

奇妙的动物世界

猎 豹

113千米,比汽车的速度还快。猎豹一看到可吃的野兽,便以高速度追击猎物,只要距离不太远,被追击者即使跑得再快,也会被逮住的,不过如果遇到像斑马那样的大动物时,几只猎豹会协同作战,一起把大动物杀死。

以冰雪为伴的雪豹

雪豹的外貌和大小,同金钱豹差不多,只是头小些,毛更厚更长,尾巴更粗更长,它全身淡青而略带灰色,腹部纯白,背脊中央到尾部有条淡黑色浅纹,全身缀着蔷薇花形的褐色斑点。如果它蹲伏不动,就像一块青灰色的大石头。

雪豹是我国青藏高原和帕米尔高原的特有动物,它耐寒怕热,宁愿住在高山雪地里,也不愿藏身丛林和灌木之中,夏天在3000~3500米的高山雪地中。雪豹大都

雪 豹

成对栖息，白天在洞中休息，早晨、黄昏和夜间出来活动。主要吃盘羊、岩羊、獐子、鹿、兔、鼠等。

雪豹十分机警、狡猾，在雪地走路时，总是把长尾巴垂在地上来回摆动，用它当扫帚，消除自己在雪地里留下的脚印，以躲避猎人的追踪。

稀罕难得的紫羚羊

紫羚羊是生活在非洲中部高山密林中最稀罕难得而美丽的动物。它肩高1.2米，重250千克。全身的毛是闪光的紫褐色和赤栗色，还有10～13条白色细环纹，有点像斑马条纹，但细得多。前肢有3道宽白条纹，后肢内侧为白色，4蹄上边也是白色。从颈部到臀部的背脊上长着一道凸起的密绒毛。

紫羚羊

紫羚羊的相貌也很怪，花脸，白鼻子，白嘴唇，头上长着两支粗大的对称内弯角，两只长椭圆形的大得出奇的耳朵，水平般左右横伸同长脸刚好成直角。

娇小的眼镜猴

眼镜猴又称跗猴，是东南亚热带和亚热带森林中的一种小猴，属于灵长目跗猴科。

眼镜猴

眼镜猴大小如鼠,最小的身长只有15厘米。外形很特别,头圆耳大,嘴短而尖,眼睛又大又圆,就像戴了副大眼镜一样,所以叫眼镜猴。眼镜猴个子虽然很小,可是一条光秃秃的尾巴的末稍却长着蓬毛,拖得长长的,有身躯的两倍长。

眼镜猴性情孤僻,从不合群,通常一对同栖。它常常夜里出来活动,喜欢单独生活,善于跳跃,一跃能有几米远。爱吃各种甲虫、蟋蟀、螳螂、蝗虫和小爬行动物,有时也吃点果子。它的食量很大,每天能吃100多条蠕虫。眼镜猴的繁殖能力不强,每次只产1仔,刚出生的小猴只有6厘米长。

浑身长刺的刺猬

刺猬是一类有益的动物。它矮矮胖胖,长25厘米,眼睛小,耳朵小,嘴巴尖,腿很短,爪子尖锐而弯曲,全身都是密密的短刺。

全世界共有17种刺猬,我国有6种,生长在东北、华北和华东地区。刺猬主要吃昆虫、鸟卵、蛙、小老鼠和小蛇,有时也吃毒蛇。它对付强大"敌人"的武器就是它满身的刺。当"敌人"靠近它时,它便将身体蜷缩成一团,竖起背面的刺以防御敌害的进攻。可是,这一方法对狐和黄鼠狼却不奏效。因为刺猬的腹部不

刺　猬

长刺，狐会用尖尖的嘴巴插入它的腹部，然后把刺猬高高抛到空中，当刺猬摔下地面时，它往往会松下卷缩的身体，这时狡猾的狐就用爪子撕开它的腹部，大口大口地吃刺猬肉。至于黄鼠狼，则用"放臭屁"的方法使刺猬麻醉、瘫痪，然后美餐一顿。

卵生的针鼹

针鼹属于单孔类针鼹科，被誉为澳洲"食蚁兽"。它的外貌和刺猬非常相像，浑身长满了长短不一、中空外坚的棘刺，但这些刺并没有牢牢地长在身上，刺端尖利而且长有倒钩。针鼹的四肢短而有力，前后肢均有利爪，擅长于挖掘蚁巢和穿穴；嘴很长，耳和眼很小；体色多为暗黑色，仅头部呈蓝灰色。针鼹有两个刺猬那么大，体长 53 厘米，体重约 2.5~6 千克。

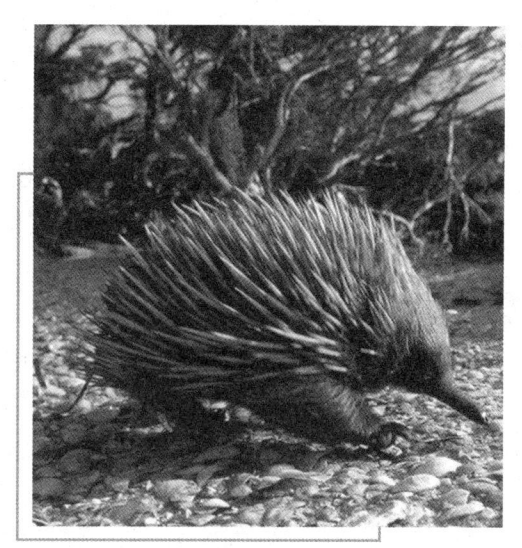

针　鼹

针鼹最爱食蚁，它的嘴巴又长又坚硬，可以插入蚁穴，伸出细长而充满黏液的舌头，舌头上还有钩子，有时候也用舌钩钩吃食物，所以针鼹是有益动物，可以消灭树木害虫。

针鼹和它的近亲鸭嘴兽一样，都是卵生的，但是在生殖上又和鸭嘴兽不完全相同，其中，有一个只有针鼹科动物独有的特性，这就是针鼹会把刚刚产下的卵送到腹部的育儿袋里。小针鼹要在育儿袋里一直生活到背上长出针刺为止。幼兽断奶后，母兽的育儿袋也就自然消失了。

世界上最大最重的动物——蓝鲸

蓝鲸是一种鲸类动物。蓝鲸是世界上最大、最重的动物。人们曾捕到的最大的一头蓝鲸，有 34 米长，170 吨重，相当于 30 头大象的重量。一根舌头就有 3 吨重，相当于 50 个成年人的重量。它的肺有 1500 千克，血液有 8～9 吨重，如果把它竖起来的话，它就和一座 10 层楼的楼房差不多高。真是个庞然大物啊！

蓝鲸的力气极大，相当于一辆火车头的拉力。它一天要吃 4～5 吨重的食物。就是刚出生的小蓝鲸也有 6～7 米长，7 吨重。每天吃 1 吨重的奶汁。蓝鲸到 8～10 岁就成熟了。

因为蓝鲸是哺乳动物，用肺呼吸，所以每隔 10～15 分钟露出水面一次，从鼻孔喷出一股灼热的废气，发出一阵响亮的呼声。这股强大气流冲出鼻孔时，就会形成 10 多米高的水柱，并把附近海水也一起卷出水面，这就是人们平时所说的"鲸鱼喷潮"。

长相古怪的貘

貘是生活在中美洲和南美洲的一类长相古怪的有蹄哺乳动物。它的外貌长得有点像犀牛，但比犀牛小，鼻子上没有角，尾巴非常短，短得几乎看不到。它的鼻子向前突出很长，可以自由伸缩。皮肤十分厚，毛

马来貘

很少。前面两只脚有4个趾，而后面两只脚只长3个趾，这是一种原始的表现。

产在马来西亚、苏门答腊和泰国的马来貘，它们"成年"以后，身体中部呈灰白色，其余部分都是黑色，好像在黑色身体上覆盖着一块白毡，所以又叫毡貘。生下来的小貘，身体颜色和大貘完全不同，浑身深褐色，有许多黄色的条纹和斑点。

最大的史前哺乳动物——巨犀

巨犀是2000多万年前生活在地球上的一种大型哺乳动物。它身体庞大，4条腿又粗又长，身长超过10米，肩高5～6米，体重22吨，是最大的史前哺乳动物。巨犀的头上没有角，头颈很长，可以与长颈鹿的脖颈相比。因为它又高又大，不方便吃地上的草食，所以主要吃树上的树叶、嫩枝和果实，是吃素的动物。巨犀善于奔跑，但因为它的身体太肥大了，所以在森林中穿行很不方便，因此在500多万年前，它被身子较小、行动灵活的犀牛取代了，这是自然淘汰的结果。

巨　犀

从挖出化石的地点来看，巨犀主要生活在中国、蒙古、巴基斯坦、哈萨克斯坦等地。

"冷藏库"里的猛犸象

猛犸象是生活在 40 多万年前到 1 万多年前的象类家族中的一个特殊成员。它的家乡在我国东北和内蒙古、俄罗斯的西伯利亚和美国阿拉斯加的冰天雪地。它的身躯并不比大象小,满身披着浓厚的长毛,它的耳朵比大象小,上面也长满了毛。高而圆的头顶下面长着一条长鼻子,两支向上弯曲的象牙,最长的有 4 米多。它的背上有一个高耸的肩峰,里面贮藏了大量的脂肪和其他营养物质。臀部向下塌,尾巴上还长着一丛毛。猛犸象是一种能经得住风雪袭击的耐寒动物。

猛犸象

关于猛犸象的灭绝,科学家们认为是由于人类的大量捕杀和气候变暖,它无法适应环境才最终消失的。西伯利亚的冻土带是世界上最著名的猛犸象的墓地。19 世纪,当地居民就到那儿去寻找猛犸象的遗体了。

在近百年的时间里,有上亿吨的猛犸象牙齿和骨骼被发掘出来。它们是制作各种精美工艺品的上等原料。

奇特的动物技能

会使用工具的动物

动物王国里,除灵长类动物外,还有一些会使用工具以猎取食物和进行自卫的动物,其中有些在使用工具时,表现得非常有趣。

黑猩猩是动物界使用工具的高手

乌鸦吃河蚌时，总是先叼起一块石头，把河蚌的硬壳砸开；啄木鸟吃榛子时，先把榛子卡在树皮的小洞里，然后连续地啄敲果壳，直到果壳裂开为止；埃及山鹰很爱吃鸵鸟的蛋，但鸵鸟蛋壳很厚，它便叼块石头，向蛋上猛砸，直至蛋壳被砸开；北极熊对海象发动攻击时，总是乘海象正在打瞌睡时，突然捡起一个大冰块从海象脑后打去，一下子就把海象打昏了；小水獭捡到一个蛤蜊后，便仰卧在水面，在肚皮上放一块石头，用前肢抓住蛤蜊，不停地往石头上碰撞，直到把蛤蜊壳敲开为止；黑猩猩爱吃白蚂蚁，它拾来一根树枝，剥得光光的，伸入蚂蚁洞里，等蚂蚁爬满树枝，它就拉出来美餐一顿……

能发射或接收电磁波的动物

动物界能发射电磁波的动物并不少见，其中最著名的要算是蝙蝠了。蝙蝠不仅能发射电磁波，还能接收电磁波。

有一种叫水象的鱼，它能发现眼睛看不到的东西。原来这种鱼备有天然"雷达"，从尾部向四周发射电磁波，当它的背鳍基部接收到从周围物体反射回来的电磁波时，便掌握了周围情况。

裸背鳗也是一种很奇怪的鱼，当它钻进河底的洞穴前，总是先将尾部伸进去探索一番，然后再把整个身体钻进去，原来它的尾部也有雷达。

凶恶的鲨鱼，虽然不能主动发射电磁波，但它身上却有几百个"电磁波感受器"，能感受周围物体的电磁场。

会换冬装的动物

在寒冷地区生活的动物，为了适应环境，每到冬季，它们便换上了冬装。

我国东北大森林中的雪兔，夏季时毛色棕红略有褐色的波纹，但到冬天，它全身绒毛就变成雪白的了。欧洲北部的雪貂、西伯利亚的松鼠、北美哈德逊湾的旅鼠……每到冬季毛色也都变白了。

雪　兔

动物冬季换毛，是在长期进化过程中形成的一种适应性能，因为冬季毛色深的小动物，容易被发现而遭到伤害，换成浅色体毛的动物在冰天雪地里活动时，则容易躲避敌害。这是这些动物在漫长的生存斗争中，形成的更换"白色冬装"的遗传习性。

善于节约能量的动物

动物在与自然界的生存斗争中，经常会面临饥饿、干渴以及环境变化的威胁，所以在减少体内能量的消耗上，便显得十分重要。

蛇的耐饿本领十分惊人，因为它有一套节能方法。蛇是一种变温动物，比恒温动物消耗能量要少得多，拿大蟒蛇和猪相比，它们每天能量消耗是1∶150。因为消耗少，所以蛇冬眠时其体重只不过减轻2%左右。骆驼的耐渴能力是很惊人的，它除在体内存贮大量水外，必要时还可将体内脂肪转化成水使用，加上它很少出汗和排尿。因此，即使长时间不喝水，它也能正常生活。

有一种金行鸟，每年春秋迁徙时，它不吃不睡，一口气飞行4000多千米，但体重只减轻0.06千克；蝎子能饿9个月而体重却丝毫不减；在北美的一个石油矿中，人们发现已休眠了许多年的活青蛙，其节约能量和利用能量的奥秘，至今还是令人费解的生命之谜。

没有眼睛的动物

欧洲匈牙利北部有一个石灰岩洞，这个岩洞里栖居着大量没有眼睛的动物。

这个岩洞，早在20世纪30年代就受到科学界的关注，经长期探测，在洞里曾发现了262种动物。从1958年以来，研究人员又多次在这里进行了详尽的考察，新发现了40种动物。

这些动物由于一直生活在黑暗中，长期的演化，几乎都没有眼睛。相反，它们则具有高度发达的触觉器官，从而代替了视觉器官，所以，它们仍然和有眼睛的动物一样，能自如活动。

不长口和肠子的动物

苏联生物学家阿捷米·伊凡诺夫曾发现一门新动物，它是一种海栖动物，不属于过去已知的任何一个门，而且具有一系列其他门动物所没有的特点。

这类动物最大的特点，是根本没有口和肠子，在其细长的线状身体的前部，有一些"络腮胡子"似的触手，这种触手多至230个，它利用这些触手来摄取、消化和吸收食物。它们没有脊椎，但具有由心脏到血管构成的复杂的循环系统。

它们生活在2000～10000米的远东深海里，现已被发现的有40多种。许多生物学家认为：地球上的高等动物，包括脊椎动物，都是源于这门动物的。

能测晴雨的动物

许多动物对天气晴雨的感觉很灵敏，所以，古人经过长期观察，总结

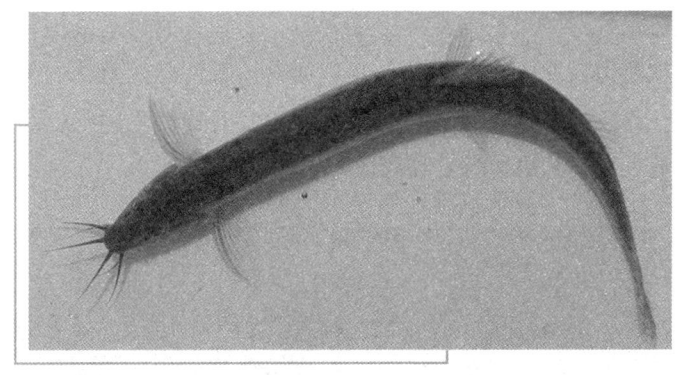

能预测晴雨的泥鳅

出"燕子低飞蛇过道,滂沱大雨即来到"等谚语。

在雨前,由于天气闷热,气压下降,空气湿度大,许多动物会感到气闷,这时,昆虫一般都飞不高,燕子也就擦地而飞,捕捉小虫吃。而蛇在洞中于雨前也会感到闷热不舒服,便出洞到空旷通畅的地方透气。蜜蜂在大雨即将来临时,也都提前飞回蜂巢避雨。泥鳅在水底因呼吸困难,便浮到水面上,甚至还不时跃出水面。蚂蚁在洞里感到气闷,便挖大巢穴,甚至集群搬到地势较高的地方。青蛙也因气闷难忍,跳出水面到陆上来活动,还不停地呱呱乱叫。蜘蛛因空气湿度太大,不能张网捕食,便躲到树枝上或墙角去休息。连牛羊在大雨前的晚上也不愿回圈,白天更不爱活动,而是一个劲地低头啃草,以防雨天饿肚子。当人们一看见这些动物的反常现象时,便预感天气将要下雨了。

讲文明礼貌的动物

据生物学家观察和研究,世界上有不少动物也讲文明礼貌。

猴子在吃食时,总是先让猴王和老猴吃饱后,再分而食之;非洲有一种羚羊,它们休息时,如果有老羚羊在场,其余羚羊都不会先躺下,偶尔有不懂事的小羚羊躺下来,大羚羊也会把它再叫起来;美洲沙漠地带有一种蜜蚁,当它找到蜜源饱餐后,如果遇到没有吃上食物的同类,它们就主动从口中吐出蜜汁让同类吃;在热带森林里有一种鹦鹉,不仅同类相亲相爱，而且还很好客，当它们在林中聚餐时，如果其他鹦鹉或小鸟从上空飞过，它们就热情高歌，并邀请客人共享佳肴；寒鸦尊老爱幼的美德，是人所共知的，当它们发现食物时，总是先让年老有病的老鸦吃，然后再让幼鸦吃，并有壮鸦在旁边照料老鸦和幼鸦。

寒　鸦

遵守纪律的动物

有许多动物是很守集群纪律与秩序的，其中，人所共知的一种是大雁。其实，黄蜂和沙丁鱼更是遵守纪律的典范。

据实验证明，黄蜂在蜂窝外边的狭窄通道上行动时，一律是靠左侧行走，从不发生任何冲突。当遇到负重的同伴时，不负重的黄蜂便会主动让开道，让负重的同伴先行。

海洋里的沙丁鱼，不仅有遵守纪律的好品行，还有敬老爱幼、互助互让的美德。它们成群地在狭路上前进时，总是自觉地排成整齐的队伍；如鱼群中混入了别的鱼类，它们便彬彬有礼地把下层让给别的鱼类，自己在上层列队前进，在长途行进时，年龄小的鱼在水的下层列队，年龄大的则在水的上层列队保护，并且鱼与鱼之间的远近距离基本相等，而不是挤成

飞翔的大雁

一团或乱游乱闯，其纪律与秩序非常严明而井然。

长得最快的动物

动物界中昆虫一般长得都很快，但长得最快的动物却是世界上最大最重的蓝鲸。

蓝 鲸

蓝鲸的卵子，只有 1 毫克重，人们用肉眼勉强看得见，但它经过母鲸 10 个月又 21 天的怀孕期，到出生后再长 1 年，其体重竟可达到 26 吨重以上，几乎平均 1 个月就要长 1 吨多重，一天则要长 38 千克。故它被认为是世界上生长最快的动物。

导航本领最强的动物

世界上导航本领最强的动物，是生活在海洋中的加利福尼亚灰鲸，它在海洋中可远游几万千米而不迷航。靠自身的天然雷达的引导，它每年从北冰洋到墨西哥湾作一次 17600 千米的巡回旅行后，仍然准确地返回其故乡北冰洋，而且从来没有发生过走错路或迷失方向的情况。其导航能力比现代化轮船上最先进的导航仪器还要强得多，真是令人吃惊而又叹服。

灰　鲸

其他形形色色的动物绝技

动物世界无奇不有,各种动物都有绝技。下面采撷一组有趣的"动物绝技",开开大家的眼界。

会用钞票购物的大象

斯里兰卡的大象

许多人只知道大象驯顺笨拙,但事实并非如此,大象有时既会发脾气,而且还会向人要钞票,用钞票购物哩!

斯里兰卡的大象,当它为主人劳动一天,雇主付工资给管象人时,它也伸着鼻子要求给分几个卢比。如果管象人不给它,它就发脾气"罢工",不肯再劳动,而且站在那里一动不动,任你推打,甚至用针刺它也不理睬,真叫人无法可施,结果,管象人只好分给它一点钞票,它就把钞票卷起来塞在耳朵里,等休息时,便走到香蕉摊去买香蕉吃。有时钞票多了花不完时,它还会藏到树缝里存起来等以后再用。据说它藏钞票的地方,人是很难找到的。

奇妙的动物世界

用脚饮水的怪牛

牛是大家熟悉的家畜,也是一种大型反刍类哺乳动物,其生活习性和生理构造为人们所了解。

但在非洲却有一种名叫"非罗隆多特"的牛,其形状与生活习性和普通的牛并无区别,但令人惊奇的是,这种牛生理构造却与普通牛大不一样。它饮水时,并不是和许多动物一样用嘴巴进行,而是以四只脚代替。原来其四肢靠近蹄端的地方,长有一个气囊,上有管道直通胃部,当它饮水时,只要在水中站立几分钟,就可以把大量的水,通过气囊和管道吸进胃里去。

巧捕毒蛇的山羊

在我国云南省的大山里,生活着一种长有 1 米以上的毒蛇,它凶猛暴烈,连骡、马、牛也会被它咬死,但这里的山羊却专爱捕食这种蛇。当山羊遇到这种蛇时,便勇敢地冲上去,用铁锤般的前蹄把蛇几下就踩死了,然后吃掉。如遇大蛇时,它会吸引蛇把自己缠住,然后吐气缩小肚子,等到蛇越缠越紧时,羊则使劲鼓气,接着猛地一挣,把蛇的骨节拉脱,甚至会拉成数截,其余的羊便争着把蛇吃掉。

能吃猫的老鼠

猫是捕鼠的能手,一般老鼠一见了猫,总是吱吱哀叫,浑身发抖,软作一团。

但在非洲大陆上有一种吃猫的恶鼠,它和普通的老鼠大小相仿,不同之处,就是长着一张坚硬锋利的嘴巴,在遇到敌害时,还能发出一种麻痹动物中枢神经的烈性怪味。它一遇到猫,便吱吱地乱叫,接着就发出烈性怪味,猫嗅到这种怪味后,便浑身发抖,软作一团,它则乘势扑上去,用坚硬的锋利嘴巴和牙齿,咬断猫的咽喉,把血吸尽,然后把猫拖进洞里再慢慢吃掉。

可当蜡烛点的山鼠

在西班牙的斐加特山区里,生活着一种褐黄色的短尾巴山鼠,它比一般家鼠要大,以植物的果茎和粮食为食,其腹部生长着一个比鸡蛋略小的油腺囊,分泌储存一种透明无味的油液,当缺食或冬眠时,以供应身体营养的需要。

当地居民捕捉到这种鼠后,抽去油腺囊里的油液,掏尽它的内脏,将鼠体晒干或烘干后,用铁棒从鼠口插入,把抽出的油液再灌入鼠肚里,然后穿上灯捻,再将鼠口缝合住,制成鼠烛,用以照明,光线明亮而无怪味,每支可点燃三四个小时。

能在沸水中生活的鼠

希腊库维加地区有一处热泉,水温可高达90℃,这样滚烫的泉水,不管任何动植物都在水中不能生长或到水中去活动。

但奇怪的是有一种不怕水烫的水老鼠,竟能生活在这水中,而且还快乐自在,兴高采烈地在水中活动与戏耍,如果把它们从沸水中逮出来,放到一般常温的泉水里,反而会迅速死亡,故人们取其名叫烫鼠。

许多国家的动物园把这种烫鼠用暖水袋运走,放养在沸水里供人们欣赏。

巧用工具的海獭

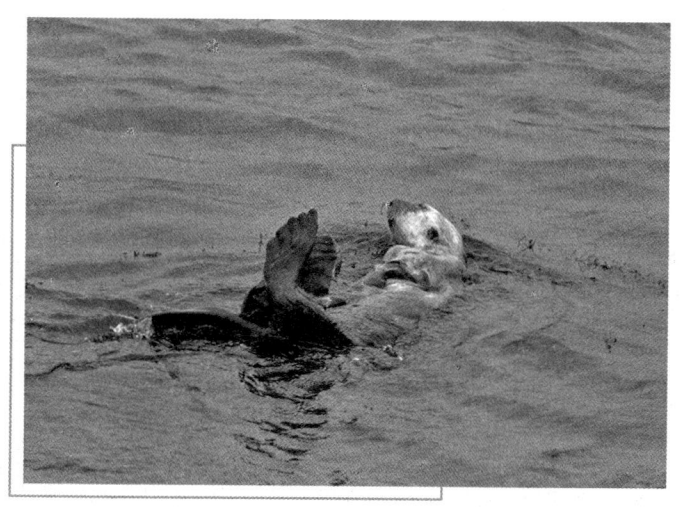

海 獭

动物界中会使用工具的，首推类人猿。但在海洋中有一种哺乳动物海獭，在使用工具上，并不比类人猿逊色。

海獭和狗一般大小，头小尾长，身躯肥大，脚大而扁平呈鳍状。它在潜水觅食时，一旦发现鲍鱼，就用小巧的前肢，从海底拣起石头，猛力而准确地将鲍鱼打死，然后挟于前肢下，仰浮到水面上，把胸部当饭桌，以石头当砧头，用前肢挟紧鲍鱼，使劲向石头上砸，并不时翻看是否砸碎，等到壳碎肉出，才一口口吃掉。据观察，海獭捕捉鲍鱼的本领很高，一个半小时内即可捕获鲍鱼50多只，在石头上要砸2237次，才能砸碎吃掉。

有趣的燕子聚会

在我国广东省佛山地区台山县的石花公园里一个湖面上，从立夏以后，每日黄昏时分，总有几千只燕子在湖面上飞翔，吸引着许多游客伫立观赏，惊叹着这种奇异有趣的燕子"聚会"。据观察，这一现象的出现，是因为这时节湖边的小昆虫非常活跃，成为燕子的佳肴，而它们排泄到湖里的粪便，又形成了循环的食物链。另外也由于湖边环境安谧清静，游人也不去伤害它们等原因，故燕子才到这里来"聚会"。

拦路抢食的强盗鸟

在我国西沙群岛上，有一种异常凶猛的鸟，人们叫它"强盗鸟"。它的嘴带有锋利的钩，飞行本领也很强。它自己从来不去寻食，而是专门拦路抢劫。当它发现白鲣鸟嘴里叼着鱼时，便猛扑过来，啄白鲣鸟的头部，白鲣鸟疼痛难忍，嘴巴一松，鱼便从嘴里掉了下来。此时，强盗鸟便闪电般

强盗鸟

俯冲下去，在空中把鱼接住。如果白鲣鸟不松嘴，它就会啄住白鲣鸟不放，直到把白鲣鸟啄死为止。所以它是白鲣鸟最凶恶的天敌。

不会啄木的啄木鸟

啄木鸟一向具有森林"医生"之美称，它专门以捕食危害森林的害虫为生，但你可知道，世界上还有不会啄木捕虫的啄木鸟呢？

在日本北海道小秋田县的密林中，栖息着一种奇异的啄木鸟，它和其他啄木鸟一样，长着长而尖的嘴巴以及能平行于树干而停立的独特技巧，但它主要是吃地面上的蚂蚁，偶尔才用长嘴掘开蚁巢，饱餐一顿。

这种啄木鸟营巢也很特别，喜欢在高而笔直的树干里面筑巢、"生儿育女"。它的坚硬的嘴和锐利的爪就是挖树洞做巢时用的。这种啄木鸟非常爱清洁，营巢时喜欢挑选光线明亮的地方，育雏时，每天要把雏鸟排出的粪便衔送到很远的地方。其婚配模式是一夫一妻制，育雏时，由雌鸟寻食喂养，雄鸟则在巢边周围担任警戒，以防敌害侵犯。

吃铁的鸟

世界上有不少鸟类和家禽因为消化硬质食物的需要，经常习惯吞食一些砂粒石子，这是人们司空见惯的现象。

在沙特阿拉伯北部的森林里，却生长着一种能吃铁的怪鸟。它长着尖尖的头，圆圆的身，黑亮的羽毛，叫声很难听。特别爱吃铁制品，如铁钉、铁屑、小铁块、小铁球。据说有一次，一个铁匠背着一袋小铁钉在树下睡觉，当他醒来时发现袋里的小铁钉少了一半，经查找，在树林深处发现了一些小铁钉正在被一群小鸟争食着。据科学家解剖分析，这种能吃铁的鸟，其胃液里盐酸的含量特别多，所以能将金属腐蚀溶解掉。而且由于身体的需要，必须经常找铁质的东西吃。

能制香素的乌龟

防止食物腐烂的最好办法，是放在电冰箱里，电冰箱价格很贵，然而在非洲有些农村里,农民家中都有一个不花钱的"冰箱"。

在非洲尼日尔阿德拉东部的喀道牧村,生长着一种褐黄色的乌龟,它和普通乌龟一样。但奇异的是它头顶上有一个香腺,沿着颈部伸出一组细小的香腺管,一直通往甲壳下的许多香胞里,这些香胞每天能制造出0.3克的香素,这种香素气味极为浓郁,有强大的杀灭霉菌作用,食物柜里有了这种香素,可使食物不变质。当地居民在食物柜里都放着这种乌龟。它的正式学名叫"散香龟"。人们称它是"食物的防腐者"或称为"廉价冰箱"。

会钓鱼的泥龟

乌龟的种类很多,大多数都是又笨又难看,行动时更是迟钝缓慢,谁会知道它却有许多特长与本领。

在河沟的泥沼里,常常可以看见一种泥龟,背上积满了污泥和绿藻,但是它有一套巧妙的钓鱼吃的本领。它把身体躲藏在污泥中,长长的舌头伸到水里,舌头上长有一根细丝一样的东西,跟着水流缓慢地蠕动,看起来好像一条小虫,当小鱼游来吞食这个"小虫"时,泥龟就马上把舌头一缩,小鱼便被它吞食进口里了。

会飞的蜥蜴

在我国云南、海南岛以及越南、马来半岛一带,生活着一种珍奇的飞蜥,它的身体扁平,后方有着六七对肋骨,突出很长,由皮膜支持着,展开时如扇状翅膀。它依靠这种奇异皮膜,能在树枝间飞行,好像降落伞一般,达到目的地后,就把"降落伞"折叠起来,又从地面再爬到树上去;其尾巴很长,呈鞭状,滑翔时可起平衡身体与转变方向之用。其视力很强。以捕食虫类为主。由于爬行很快,又有滑翔本领,故不易捕捉,是一种著名而又珍奇的小动物。

会飞的蜥蜴

罕见的带电的蛇

在南美洲巴西亚马逊河三角洲的河流和岸边，栖息着一种罕见的带电的蛇，据测定：这种蛇身上带的电压足有650伏特，比我们常用的电器的电压220伏特要高2倍，所以，任何动物接触到它，轻则被击倒，重则可以丧命，故当地渔民在河里进行作业时，必须对这种蛇时时提高警惕，以保安全。

会撒银粉的蛇

在非洲东南的马达加斯加岛上，有一种蛇，既不咬人，又不怕人，常在路上来来往往爬行。

这种蛇有一个很特别的地方，就是它身上能撒出银白色粉末来，凡是它经过之处，就会留下一条银白色的带子。

它撒出的粉末，并不是从它身体里边撒出来的，而是它脱的皮干了后变成的。因为撒粉蛇健忘，一离窝远了，就找不到回路，所以，它总是一边走一边撒粉末，作为回家的标志，如果路上的粉末没有了，它就跟着另一条蛇到别的窝里去住宿,因为它从来也不在外边露天睡觉。

世界上最毒的蛙

在南美哥伦比亚的崔柯地区,生活着一种箭毒蛙,它是世界上最毒的动物之一。其身躯很小,只有两个手指那么大,四肢满布着鳞纹,颜色鲜丽可爱。它的皮肤内藏着许多腺体,能分泌出一种叫蛙毒的剧烈毒液。据实验,这种剧毒的 1/100000 克就能毒死 1 个人,1/5000000 克就可毒死 1 只老鼠。千百年来,当地一些土人曾用这种蛙毒涂在箭头上制成毒箭,用以猎捕野兽或对付敌人,当猎物中了这种毒箭,便会立刻死亡。这是一种很厉害的武器。

箭毒蛙

经研究发现,其毒液能破坏神经系统的正常活动,阻碍动物体内的离子交换,使神经细胞膜成为神经脉冲的不良导体,影响神经中枢发号施令和指挥各个组织器官活动,最终导致心脏停止跳动而死亡。

会弹琴的蛙

在我国风景秀丽的四川省峨嵋山里,有一种珍奇的蛙,人们称它为"弹琴蛙"。它比一般青蛙体型略小,全身呈灰黑色,腿上有麻斑,背部有一灰白色波状条纹，喜欢群居，爱在水边觅食害虫。

每当盛夏，它在草滩水草间，用泥巴建成一个小罐子，上边开一个圆形小洞，钻在里边鸣叫，发出如鼓如瑟、音调十分悦耳的鸣声，这便是弹琴蛙自己制作的"共鸣箱"。当它离开共鸣箱后，鸣声就不一样了。如果有一只蛙声音很大地鸣叫一声，周围几十只蛙便一齐跟着叫起来，过一会儿，又有一只大叫一声，群蛙共鸣立即戛然而止，如此重复不断，就好像乐队按指挥的手势在演奏有节奏的歌曲一样。

会弹琴的蛙

能吃鸟的虾

在印度尼西亚的加里曼丹岛上，有一种生活在树上的奇怪的巨虾，其外形和普通的虾一样，但体型却大得多，长达1.5米以上，当地居民称之为"巨虾"，它也是世界上最大的虾。

它能在水中生活，却很少到水中去，既不吃水草，也不吃小鱼虾，而是每天悄悄在树干上躲藏着，捕捉小鸟为食。当一些小鸟落在树枝上时，它便突然袭击，饱吃一顿，然后就又伏在树枝上躲着不动。

生活在水中的虾，一般都没有鲜红的血液，而这种虾，当用刀砍伤它的甲壳时，就会流出鲜红的血来。

能自动调节视力的鱼

在东南亚一带的浅海中,生活着一种奇特的鱼,它头小身大,体色有黑色斑点,除具有能使身体随时膨大的本领外,还有一双像透镜一样的眼睛。

一般的鱼在强光照射下就看不到周围的景物。但这种鱼却可以通过调节视力来适应这种强光,达到看清景物的目的。当周围的光线暗弱下来时,它又可以通过这种调节本能来增强自己的视力。

会钓鱼的鱼

在离开海面约1600米深的海洋深处,生活着一种奇异的、会钓鱼的鱼,它极难捕捉,身长只有10厘米,全身漆黑,从头到尾长满尖刺。有趣的是,在它的前额上,有一根细长的圆筒,尖端上只有一条更细的"绳子",长度和圆筒相等,在绳的末梢又长有一套复杂完备的天然工具:3只鱼钩形的角质爪,每一只爪下又配备着一盏黄色的"探照灯",以引诱鱼类。这套巧妙的专门用来钓鱼的钓竿设备,完全依靠体内6条基举肌肉来控制。它的钓鱼本领娴熟而敏捷,每天可钓到数十条小鱼。它的牙齿长在嘴唇上,可以随嘴唇向上、向外翻动,一旦把小鱼吃进口中,便马上咬紧牙关,小鱼便很难溜掉。

它的钓竿又是防身武器,当遇到敌害时,能在瞬间把钓竿向前一挺,爪上的"探照灯"猛然向对方射出光芒,乘敌害惊吓之际,它就迅速地逃之夭夭了。

体温比水温高的鱼

鱼类是变温动物,其体温可随着水温变化而变化,但有些鱼类如鲔鱼、青鲛鱼等,它们的体温竟比水温高。科学家对这种奇异现象进行了研究,发现这些鱼在海洋中回游距离长,游动速度快。由于活动剧烈,体内产生的热量多,这是其体温比水温高的一个原因。另外,这些鱼类体内的循环系统结构也比较特殊。在一般鱼类体内,热量主要由静脉血输送到鳃去散热,而鲔鱼等体内的热量却是在静脉血中吸收。它们体内有流动冷血的动脉网和流动温血的静脉网,在温血流到鳃之前,热量被吸收到鱼的全身,从而身体肌肉保存的热量比较多,从鳃散失的热量则比较少,所以,它们的体温就能比水温高。

能站着游动的鱼

在我国南海,有一种会站着游动的鱼,它游起来头朝上,尾巴向下,挺着肚子,活像站着走路那样,姿态十分优美,它就是有名的"甲香鱼"。

这种鱼长 10~17 厘米,像一把长刀,全身披甲,只露出运动的工具——鳍。它的鳍位置长得也很特别,第一背鳍长在尾端,不能运动;第二背鳍位于第一背鳍的下边,又易让人误以为是臀鳍,而臀鳍却在尾鳍的前方,这样就很像虾的尾鳍,所以又叫它小虾鱼。更为有趣的是:它体薄透明,形态又很美,有些人喜欢将它晒干压平作书签用,还美其名曰"书签鱼"。

由于它的运动方式与众鱼不同,故在科学上被列为鱼类特殊运动的典型代表。

会施用苦肉计的鱼

海蟹,披坚执锐,扬着两把剪刀般的大螯,在水族世界里到处横行霸道,它生性凶残,贪食无厌,鱼类被它箝死或吃掉的不计其数。但强中还有强中手,在海洋里就有一些喜爱吃蟹的鱼,海鲶就是其中之一。

海鲶喜食蟹膏,它常到蟹洞口去百般挑衅,逼得洞主人怒而出战。它的战术是先施用"苦肉计",忍痛让膏蟹箝住自己的尾巴,当蟹的大螯被牵制

海鲶

住不能回击的刹那间,海鲶便猛回头吸住蟹口,用全力吮吸蟹膏,不一会功夫膏被吸尽而蟹已死,海鲶却填饱肚子扬长而去。

罕见的长有双翅的鱼

1984年,我国台湾省花莲东海岸水涟的渔民,在水涟海域捕获了一条长有1对翅膀的怪鱼。

这怪鱼身长30多厘米,体重约0.75千克,它有一个三角硬壳头,头顶上有两尖角,角内生有一根方向线,头部稍有龟壳纹,两边有硬刺和两个大翅膀,两翅膀张开呈半圆形,全身鳞片很坚硬,似蛇皮。当地渔民都从未见过这种鱼,从《世界鱼类》书上查对,发现这种鱼颇似"飞鲂鱼",但究竟是一种什么鱼,至今还没弄清。

不怕热水烫的鱼

鱼儿能在热水里生活,这是从来没有听过的奇事,但真有这种鱼。

在马达加斯加首都塔那那利佛东部地区的温泉带,有许多小溪和地下水互相贯通,它们一直延伸到高原的沼泽地带,这里水温高达70℃,水底不断升起一串串热水泡,在热水里竟有一种浅黑色的小鱼在自由地嬉游。

1936年,法国旅行家安让·季甫,在千岛群岛中伊图普鲁岛的一个小岛上,看到一条小河里浮着4条僵硬的死鱼,捡回后放到锅里准备煮熟吃,不料水快烧开时,死鱼竟在热气沸腾的水里安然自在地畅游起来了。

这种鱼样子有点像南美洲的鲑鱼,但皮喙极厚。原来这里是个火山口,火山爆发后,使附近的湖泊变成了热水湖,湖中幸存下来的鱼儿年长日久,逐渐适应了63.4℃的酷热环境,并养成了不怕热、耐高温的习性,当它们游到低温的小河里,反而被冻僵了,但并没有死去,当一遇到适宜温度时,便又活动起来了。

能捕鸟的蜘蛛

在西印度的香蕉林里,有一种奇异而凶猛的蜘蛛,名叫食鸟蛛。它身长可达20厘米,大小像拳头一般,全身长满红毛。当它受到敌害攻击时,便用自己的脚急速地摩擦腹部的红毛，于是许多红毛在它周围乱飞，迷住了敌害的眼睛，它便乘机逃走。

能捕鸟的毒蜘蛛

这种蜘蛛是以鸟为主食的，它在香蕉林里挂满一张张非常强韧的大网，当爱唱善跳的燕雀、金丝雀等小鸟碰到网上时，便被网丝紧紧地粘住，这时，它就迅速地赶来，先分泌一种毒液把猎物毒死，然后美餐一顿。这种凶猛的蜘蛛除吃小鸟外，还捕食青蛙、蜥蜴、小蛇等动物。如果人被它咬伤了，也会感到疼痛难忍，甚至中毒而死。它是世界上体重最重、寿命最长的蜘蛛，一般可活30年。

合作吃人的斑蛛

在拉丁美洲亚马孙河流域的森林和沼泽里，生活着一种"黑寡妇蜘蛛"，也叫"斑蛛"，它身披黑色有少量灰黄色的刚毛，带有人字形重迭斑纹，步足长而粗壮，善于奔走，其上颚内长有毒腺，当它遇到人畜时，立即跃起螫伤对方，使受害者运动神经中枢很快中毒发生麻痹而死亡。"斑蛛"被称为拉丁美洲节肢动物中的一霸。

"黑寡妇蜘蛛"经常躲藏在一种叫"日轮花"的植物丛下，这种花生得

黑寡妇蜘蛛

细小艳丽,花形似日轮,香味诱人,叶子足有30多厘米长。由于其味色俱美而诱人喜爱。当人们一接触到它的花和叶片时,其叶片会马上卷过来把人拖倒。这时"黑寡妇蜘蛛"便迅速地赶过来,将人毒死而吃掉。

在生物界,共生现象是存在的,但多见于两种植物或两种动物之间,然而在植物和动物之间出现这种共生现象的并不多,特别是彼此合作吃人的共生现象更是罕见的怪事。

不怕水淹火烧的蚂蚁

在南美洲原始森林里,有一种凶猛的蚂蚁,它对水、火都无所畏惧。当它渡河时,几百万、几千万只聚集成一个大球滚入水中,靠河水的浮动登上彼岸,附在球表蚁面的蚂蚁被淹死了,但大部却保留下来继续前进。在森林边,当猎人架起篝火烤兽肉吃时,这种蚂蚁也会闻香结队而来,它们一群群地扑向篝火,前面的烧死了,后面的继续跟上来。结果,火被蚂蚁用尸体压灭,兽肉却被未死的大群蚂蚁吃光,留下一堆白色的骨头。

能酿蜜的蚂蚁

人们只知道蜜蜂会酿蜜,但谁会相信有一种蚂蚁也能够酿蜜。

在非洲的博茨瓦纳格利蓬村,有个儿童曾发现过一种能酿蜜的蚂蚁。它躯体要比非洲的普通蚂蚁大三四倍。经研究,其酿蜜的方法并不是以采花粉为原料,而是把食物中含有淀粉的部分,经过躯体内的酿蜜器加工后,便酿成了蜜糖,味道和葡萄糖相似。当地人们称这种会酿蜜的蚂蚁为"甜蜜的巧匠"。

可食用的巨蝶

在澳大利亚和新几内亚一带,有一种珍奇的巨大蝴蝶,其翅膀幅长达26厘米,体型非常美丽,飞行速度很快,而且飞得也很高,经常在树顶上翩翩起舞。人们要想捕捉它,用扑虫网是不可能的,需用枪炮或弹弓才行。因为它的肉可以食用,所以,人们用一种特制的细箭来射杀这种巨蝶。

吃石油的苍蝇

苍蝇喜爱在腐败物上摄食,这是人所共知的。可是,美洲有一种苍蝇,却爱吃石油。这种奇异现象,引起了科学家们的兴趣。经研究,发现这种苍蝇的肠胃道里有一种特殊的细菌,它能从石油的含蜡物质中取得需要的营养。由于它有这种特殊功能,科学家便利用这种细菌,对石油进行发酵脱蜡,因而提高了石油的质量。

能听懂音乐的蚊虫

夏秋季节的傍晚或凌晨,是蚊虫最活跃的时刻。如果这时,你站在蚊虫聚集的地方,唱一支小曲,便会发现,当唱"1"(多)的长音节时,就会有许多蚊虫被你召来,甚至飞到你的口中。但当你唱"4"(法)的长音节时,它们又会悄然远远离去。虽然做过多次实验,其奥秘仍未完全揭开。

由于蚊虫爱听"1"的音节,厌恶"4"的音节,科学家们便利用蚊虫这一有趣的特性,制造了许多型号扬声触杀器,引诱蚊虫聚而灭之。

会喷火的甲虫

在拉丁美洲的热带丛林里,生活着一种仅有1厘米大小的小甲虫,绰号叫"夜行"。

这种世界上稀有的小昆虫,具有非常奇特的性能。当遇到敌害时,可从口腔里喷出一种有香味的液体,而且这种液体喷出后还会发出爆炸声,如果喷溅到人的手上,手就会被烫伤,这是它用以防御和自卫的很厉害的武器。

经科学家对这种自然火焰喷射器的机理进行了多次研究后,发现在这种甲虫的胃里有三个小室,第一个小室里存有对苯二酚,第二个小室里则有过氧化氢,而第三个小室里则使上述两种物质能很快地与具有极强氧化能力的有机催化剂混合。当遇到敌害进攻时,它通过肌肉瓣的敏捷动作,从第3小室中喷出蒸汽状的混合物,其温度竟达100℃,并发出"劈劈啦啪"的爆炸声把敌害烫伤或吓跑。

会送礼求婚的甲虫

动物间的婚恋生活,是饶有趣味、多种多样的。如歌舞、打扮、温情、引诱、强制等等,但谁能知道,竟还有送礼求婚的呢!

有一种食肉昆虫叫牛虻的,追求对象比较讲礼节。它的雄性前足跗节很大,可分泌出丝来。它在求婚前,先捕捉一只小虫,用丝精致地包装成个茧包,作为送给对象的定情礼物,如果雌虫对礼物感兴趣,就跟随雄虫一起飞行。在飞行中,双双完成交尾后,雄性留下礼物飞走,雌性便撕开茧包美餐一

牛 虻

顿。不过有些雄虫则不那么讲究，只是送一个不带茧包的小虫，甚至还有个别骗子，引诱雌虫与它交尾后，只送给雌虫一个没有虫子的空茧包。

能钻透金属板的昆虫

昆虫个体都很小，其嘴吻既无坚利的牙齿，又无强劲的力量，谁能相信，有一些昆虫却能钻透相当厚的软金属板。

据科学家们实验，把一只胡蜂装在一个 43 毫米厚的铅质匣子里，过了不久，胡蜂啃穿了匣壁而逃之夭夭。有些甲虫啃穿金属的本领比胡蜂还要大。一些自来水管上出现了许多小窟窿，经观察找到了罪魁祸首，原来是一种属于鲣栉科的甲虫，其体长仅有 8 毫米。科学家把它装入一个 0.2 毫米厚金属盖子的玻璃瓶子里进

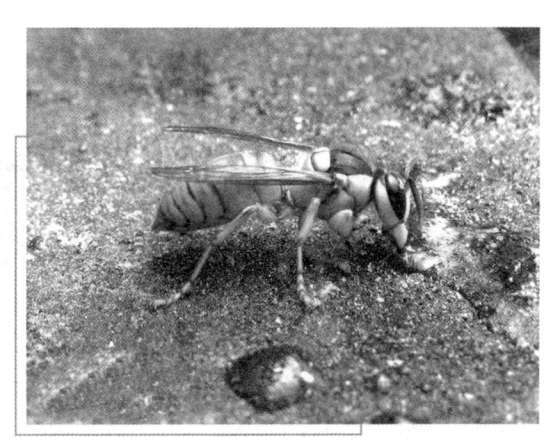

胡　蜂

行观察，它能用颚把金属盖子啃下一粒粒很小的金属屑，经过 6 小时便啃穿了这个盖子面溜之大吉。如果在瓶子里装上几个这样的甲虫，它们还会集体行动，轮流着啃一个洞而溜走。

当然金属的硬度不同，昆虫啃孔的速度也有很大差异。如果把它们装在一些硬度较大的金属，如黄铜和铁的匣子里，它们似乎知道对付不了，也就乖乖地过着囚禁生活了。

敢与大鲸搏斗的大章鱼

章鱼备有特殊防御工具——墨囊。当遇到敌害时，便把墨囊里的墨汁喷射出来染黑周围海水，使敌害找不到它而得以迅速逃走。其墨汁里还含有毒素，可使敌害中毒，因此也是一种进攻的武器。特别是它长有

强有力的四对捉脚,是摄取食物和缠绕住敌害,并使之窒息而死的有力武器。

在深海里生长有一种大章鱼,是凶猛的海生动物,据说在大西洋的纽芬兰岛附近,曾发现一种大章鱼,体长约 18 米,捉脚伸开竟有 11 米长,体重达 30 吨左右,渔民们曾看见过它和鲸拼死搏斗的场面,鲸的头被它长而有力的捉脚紧紧缠住,直至鼻孔被堵而窒息致死。有的捕鲸者也常发现一些鲸的嘴角和唇边带有伤痕,这是与大章鱼进行搏斗的印记。这两种巨型海洋动物一旦在海洋中相遇,就必然发生恶战,往往两败俱伤,血溅大海,可染红数海里长的海水。

深海里的大章鱼

能吃掉岛屿的海星

在茫茫的大海里,遍布着许多美丽的大小珊瑚岛,它是由一种极小的珊瑚虫骨骼逐渐石化后形成的,可是,这些坚硬的珊瑚岛有时大面积下塌或毁灭。这是谁在搞破坏呢?

原来,在珊瑚虫生活的水域里,还生活着另一种小动物——荆冠海星。它直径不过 60 厘米,有 15~21 个口腕。它们专以珊瑚虫为食,1 个荆冠海星1个月就能吃掉1立方米的珊瑚虫，当它生长泛滥时，珊瑚礁便遭到厄运。现在世界上已有10%左右的著名大珊瑚环礁被它毁灭，有的面积竟达250平方千米以上。其中，关岛自1967年以来已被这种海星吃掉了93%，岛围缩小了38千米。目前，科学家们正在研究采取有效办法来消灭荆冠海星，以挽救珊瑚岛的安全。

奇妙的动物世界

动物世界未解之谜

动物的心灵感应之谜

动物和人一样,也具有超常感本能,它们也能够预感危险,这就是它们的心灵感应。

在美国,有只两岁的英格兰血统牧羊犬博比,它的主人名叫布雷诺,家住美国俄勒冈州。1923 年 8 月,布雷诺带着小狗博比从俄勒冈州去印第安纳州的一个小镇度假时,博比不幸走失了。从此,博比开始了它神奇、惊险、而又极不平凡的的超常旅程。博比用了 6 个月的时间,历尽千难万险,历经 1500 千米路程,终于从印第安纳州回到了俄勒冈州的家,找到了它的主人。对于博比这次艰险的 1500 千米旅程,很多人觉得简直难以置信,为了进一步证实这次旅程,俄勒冈州的"保护动物协会"主席返回到博比走失的原地点,勘查了这条小狗所走过的所有路径,访问了沿途许许多多见过、喂过、收留它住宿、甚至曾经捉过它的人,最后证实了这一切确实可信。

在人们都赞扬博比的忠诚、勇敢、坚毅的同时,科学家却想到了一个不可思议的问题:博比在几千里外是怎么找到路回家的?当初它的主人是开车走的公路,博比并没有沿着它的主人往返的路线走,而它走的路与主人开车走过的路一直相距甚远。事实上,根据动物协会勘查的结果,博比所走过的几千里路是它从来没有见过、没有嗅过,也根本不熟悉的道路。对博比这次旅程经历研究的结果使人们相信,这条小狗之所以能回家,是靠着一种特殊的能力和感觉觅路的,这种本领与已知的犬类感觉完全不同。有人认为动物这种神秘的感觉和能力是一种人类尚未了解的超感知觉,或者称之为超常感。这个名词源于希腊文的第 23 个字母,用于代表自然界动物的超自然感官本能。它指的是有些动物能够以超自然的感觉感知周围的环境,或者与某人、某事,或与其他动物之间有着心灵的沟通。然而,这种沟通似乎是通过我们人类并不知道又无法解释的某些渠道进行的。

动物的超常感,引起了世界各国的科学家的重视,并作了大量的研究。科学家们发现,某些动物确实具有一些非常奇特的感觉本能,并能以独特的方式利用人类具有的五种感觉本能,而还有一些动物的某些感官功能是我们人类完全没有的,或是我们现在还没能完全了解到的。

动物的思维之谜

在动物与人类共存的过程中,除了人有思维外,动物是否有思维的问题,一直是动物学者们探讨和争论的热点。

说动物没有思维,但在实践上,很多动物的行为表现好像受到大脑的指挥。比如,马戏团里的狗、鹦鹉、马、黑猩猩等,为观众表演节目,会像演员一样表演得准确无误。骑兵在打仗受伤落马后,他的战马并不弃他而去,而是在他的主人身边转来转去,好像在想办法救它的主人。有一家人养了一只猫。它会记住主人上班的时间,每天早晨一到这个时间,它都会把主人弄醒。因此,它的主人说自从有了这只猫,他没有迟到过。另外,信鸽会送信,大鹅会看家。

这些家畜家禽同人接触多,受过驯练,可在野生动物中,有的动物根本未受过驯练,但它们的行为表现好像是通过大脑思维后才做出的。比如,海豚搭救遇难的船员,它们为什么要救船员?没有经过思索能办到吗?再如大象群如果有同伴死了,它们会集体为它"葬死",它们先挖坑,然后将死象埋葬。象的复仇心很强。有一家动物园里的雄性大象因不听话而被主人打过,它记恨在心,伺机复仇。有一天,机会终于来了,它拉一堆粪便,主人看见后,即拿扫帚簸箕进去为它打扫,它趁机用长鼻将主人勒死。非洲的一头小象亲眼看到它的母亲被猎人杀死后,它被捕捉卖到马戏团里当了"演员"。以后它渐渐地长大了,但杀害母亲的仇人它一直没忘。它利用每场演出绕场的机会巡视着观众。有一天,当它绕场时终于发现了那个仇人,便不顾一切地冲到观众席上,用长鼻将仇人卷起摔死在地上。

一只海鸥会帮管理人员拦挡游客免进禁地。有人看到猫头鹰在找不到树洞做窝时,会乘喜鹊不在时,偷偷占据树洞归己所有。总之,在动物界中,有很多动物行为接近于人类。它们是否有思维,尚待科学家进一步去研究。

动物识数之谜

动物能不能识别数字,人们一直争论不休。科学家也力图通过试验来进行鉴定。而自然界中的许多动物又确实为人们提供了一些可以研究的机会。

有一个科学家做过一次试验。他请来四名拿枪的猎人来试验乌鸦,乌鸦看见拿枪的猎人来了,就躲到大树顶上,不飞下来。四名猎人当着乌鸦的面躲进草棚。一会儿,走了一个猎人,乌鸦不飞下来;又走了一个猎人,乌鸦还不飞下来;可是第三个猎人走后,乌鸦就飞下来了。它大概以为猎人全走了。科学家因此怀疑,乌鸦识数能数到"3"。

美国有只黑猩猩,每次都得喂它 10 根香蕉。有一次饲养员故意逗它,只给了它 8 根香蕉,黑猩猩吃完了,还去继续找饲养员要香蕉吃,饲养员又给它 1 根,它还不肯罢休,直到再给它 1 根,吃满了 10 根后,猩猩才心满意足地离去了。也许,黑猩猩确实"心中有数"。自然界的动物究竟能不能识数,它们是怎样数的?科学家对此十分感兴趣。

动物互助互爱之谜

在人类生活中,人们互相友爱,这是习以为常之事,因为人是有感情的高级动物。但是,在自然界的动物王国中,许多动物中也有这种互助互爱的感情。

在一个动物园里，美国斯坦福大学的生物学家们发现一只名叫贝尔的雄性黑猩猩常常从地上拣起一根根小树枝并认真地摘掉枝上的叶子，站在或跪在另一只雄性黑猩猩身边，一只手扶着雄性黑猩猩的头，另一只手拿着光秃秃的小树枝，伸到雄性黑猩猩的嘴里剔去它牙缝中的积垢。原来它是用小树枝作"牙签"给雄性黑猩猩剔牙的！有时，贝尔找不到一个合适的"牙签"，就直接用手指给雄性黑猩猩剔牙，科学家们观察了6个月，发现几乎每一天，贝尔就会给别的猩猩剔1次牙，每次3～15分钟。

生活在草原上的白尾鹫，互敬互爱的行为更是让人敬佩。这种专门以野马等动物尸体为食的鸟类，在发现食物之后，会发出尖锐的叫声，把自己的同伙招来共享。吃的时候总是先照顾长者，让年老体弱的鹫先吃饱以后，其他鹫才开始吃。"家"里还有幼鹫的母鹫，回"家"之后还会把吃下去的肉吐出来喂幼鹫。

斑马是成群活动的。它们在巡游觅食时，总有一只斑马担任警戒，以便有危险时发出警报，通知同伙立即逃命。有时猴、狮、虎等猛兽追得很紧，情况十分危急，斑马群中就会有一匹勇敢的斑马，毅然离群，义无反顾地单身与狮子搏斗，以掩护同伙撤退。当然，这匹斑马很有可能最终成了猛兽的腹中之物。

不仅同类动物之间互帮互助，而且在不同类动物间也有这种行为。在西南非洲，有一只小羚羊和一头野牛结伴而行，羚羊在前走，野牛在后面跟着。每走几步，野牛便哀叫一声，小羚羊也回过头来叫一声，似乎在应答野牛的呼唤。假如小羚羊走得太快了，野牛就高喊一声，小羚羊马上原地立定，等那野牛跟上后再走。这是怎么回事呢？原来，野牛眼睛害了病，红肿得厉害，已无法单独行动，小羚羊在为它带路。

河马见义勇为的精神，曾经使一位动物学家感叹不已。事情是这样的：在一个炎热的下午，一群羚羊到河边饮水，突然一只羚羊被凶残的鳄鱼捉住了，羚羊拼命抗拒可也无法逃命。这时，只见一只正在水里闭目养神的河马，向鳄鱼猛扑过去。鳄鱼见对方来势凶猛，只好放开即将到口的猎物逃之夭夭。河马接着用鼻子把受伤的羚羊向岸边推去，并用舌头舔羚羊的伤口。有关动物互帮互助的例子不胜枚举，科学家们已经肯定动物之间有互助精神。那么动物为什么会有互助精神呢？有的科学家则认为，动物的这种行为是自然选择的结果，因为在求生存的斗争中，一种动物间如果没有互助精神就很难生存与发展；有的科学家认为，近亲多半有着同样的基因，同一种群动物的基因较为接近，因此会有互助精神。对于动物为什么会有互助精神这一问题，科学家们各执己见，公说公有理，婆说婆有理，至今没有一个完美的答案。

动物雌雄互变之谜

男变女、女变男，平常对人类来说是不可能的，即使是在高科技的今天，在医学手术的帮助下，变性也是一件不容易的事。但在生物界中，倒是一种司空见惯的现象。

人类对这种性逆转现象的研究首先是从低等生物——细菌开始的。在人的大肠里寄生着一种杆状细菌，被称为大肠杆菌。在电子显微镜下可以发现，大肠杆菌有雌雄之分，雌的呈圆形，雄的则两头尖尖。令人惊奇的是，每当雌雄互相接触时，都会发生奇异的性逆转，即雄的变为雌的，雌的则变为雄的。后来经科学家研究，发现雌雄互变的媒介在于一种叫"性决定素"的东西，当雌雄接触时，就将彼此的"性决定素"互赠给对方，从而改变了彼此的性别。

后来，科学家们又发现，在比细菌高等的生物体上也存在性逆转现象，诸如沙蚕、牡蛎、红鲷、黄鳝、鳟鱼等等。有人认为，这些生物的原始生殖组织同时具有两种性别发展的因素，当受到一定条件刺激时，就能向相应的性别变化。

沙蚕是一种生长在沿海泥沙中，长得像蜈蚣一样的动物。当把两条雌沙蚕放在一起时，其中的一条就会变为雄性，而另一只却保持不变。但是，如果将它们分别放在两个玻璃瓶中，让它们彼此看不见摸不着，则它们都不变。

还有一种一夫多妻的红鲷鱼，也具有变性特征。当一个群体中的首领——唯一的那条雄鱼死掉或被人捉走后，用不了多久，在剩下的雌鱼中，其中一条身体强壮者，体色会变得艳丽起来，鳍变得又长又大，卵巢萎缩，精囊膨大，最终成为一条雄鱼而取代原来丈夫的地位。若把这一条也捉走，剩余的雌鱼又会有一条变成雄鱼。但是，如果把一群雌红鲷鱼与雄红鲷鱼分别养在两个玻璃缸中，只要它们互相能看到，雌鱼群中就不能变出雄鱼来，但如果将两个缸用木板隔开，使它们互相看不见，雌鱼群中很快就变出一条雄鱼。这究竟是为什么，还是一个未解之谜。

有人对鱼类的"变性之谜"进行了研究，认为鱼类改变性别的目的，主要是为了能够最大限度地繁殖后代和使个体获得异性刺激。美国犹他大学海洋生物学家迈克尔认为，在一种雌鱼群或一种雄鱼群中，其中个头较大者，几乎垄断了与所有异性交配的机会。这样，当雌鱼较小时能保证有交配的机会，待到长大变成雄性时，又有更多的繁育机会，与性别不变的同类相比，它们的交配繁育机会就相对增加了。同样，在从雄变性为雌性的鱼类中，雌鱼的个体常大于雄体。雄鱼虽小，但成年的小雄鱼所带有的几百万个精子，足够使再大的雌鱼所带的卵全部受精。另外，这些雌鱼与成熟的无论个体大小的雄鱼都能交配。因此，它们小一点的时候是雄鱼，长大以后变雌鱼，不仅得到交配的双重机会，而且与那些从不变性的鱼类相比，又多产生一倍的受精卵，这对繁殖后代大有益处。

在动物界里频频发生的变性现象，至今仍没有一个令人满意的、科学的解释，还需要人类进一步的研究、探索。

动物能充当信使之谜

鸽子当信使是早为人知的事，但狗、鸭等其他动物也能当信使就鲜为人知了。1815年，法国的拿破仑在滑铁卢战役中被击败。得胜的英军把写有这个消息的纸条缚在一只信鸽的脚上，结果这只信鸽飞越原野，穿过海峡，回到伦敦，第一个把胜利的消息送到了伦敦。

只要对狗加强训练，狗也可成为称职的信使。在法国巴黎，有些人在缴付报费后，每天准时派训练过的狗到附近的报亭中去取报。

美国著名的动物学家佛曼训练了一批野鸭，让它们把气象表和各种科学情报送到很远的地方去。这些野鸭还能将捆在爪子上的照片和稿件，送到报社。

有些动物之所以能从事传递信息工作,是因人们利用其归巢的生活习性;而有些动物则要通过训练,让它们具备有条件反射能力,才能胜任信使工作。那么,有些动物,比如鸽子,长途飞行为什么不会迷路呢?

有些科学家认为,鸽子两眼之间的突起,在长途飞行中,能测量地球磁场的变化。有人把受过训练的20只鸽子,其中10只的翅膀装了小磁铁,另外10只装上铜片,放飞的结果是:装铜片的鸽子在2天内有8只回家,可是带磁铁的鸽子4天后只有1只回家,且显得筋疲力竭。这说明小磁铁产生的磁场,影响了鸽子对地球磁场的判断,从而断定鸽子对飞行方向的判定的确与磁场有关。也有些科学家认为,鸽子能感受纬度,因此不会迷路。更多科学家认为,鸽子能感受磁场和纬度,它们用这些感受来辨别方向。科学家们不但对鸽子飞行为什么不迷路各持己见,而且对其他动物长途跋涉不迷路也是众说纷纭,谁是谁非,还有待科学家们进一步研究。

动物的自疗之谜

自然界的野生动物受了伤,得了病,谁能给它们治疗呢?动物们有自己给自己治病的本领。有些动物会用野生植物来给自己治病。

春天来了,美洲大黑熊刚从冬眠中醒来,身体总是不舒服,精神状态也不好。它就去找点儿有缓泻作用的果实吃。把长期堵在直肠里的硬粪块排泄出去。这样黑熊的精神就振奋了,体质也恢复了常态,开始了冬眠以后的正常生活。

在北美洲南部,有一种野生的吐绶鸡,也叫火鸡。它长着一副古怪稀奇的脸,人们又管它叫"七面鸟"。别看它们样子怪,可会给自己的孩子治病了。当小吐绶鸡被大雨淋湿了时,它们的父母会逼着它们吞下一种安息香树叶来预防感冒。中医告诉我们,安息香树叶是解热镇痛的。

热带森林中的猴子,假如出现了怕冷、战栗的症状,就是得了疟疾,它就会去啃金鸡纳树的树皮。因为这种树皮中含有奎宁,是治疗疟疾的良药。

贪吃的野猫如果吃了有毒的东西,就会急急忙忙去寻找葫芦草。这种苦味有毒的草含有生物碱，吃了以后引起呕吐，野猫在又吐又泻后，病慢慢地好了。看来，野猫还知道"以毒攻毒"的治疗方法呢。

在美洲，有人捉到一只长臂猿，发现它的腰上长着一个大疙瘩，人们以为它长了肿瘤，可仔细一看，才发现长臂猿受了伤，那个大疙瘩，是它自己敷的一堆嚼过的香树叶子。这是印第安人治伤的草药，长臂猿也知道它的疗效。

有一个探险家在森林里发现，一头大象在岩石上来回磨蹭，直到伤口上涂了一层厚厚的灰土和细砂。有些得病的大象找不到治病的野生植物，就吞下几千克的泥灰石。原来，这种泥灰石中含钠、氧化镁、硅酸盐等矿物质，有治病作用。

温敷是医疗学上的一种消炎方法，猩猩也知道用它来治病。猩猩得了牙髓炎后，就会把湿泥涂到脸上或嘴里，等消了炎，再把病牙拔掉。

除此以外，许多动物还能给自己做"复位治疗"。黑熊的肚子被对手抓破了，内脏漏了出来，它就把内脏塞进去，然后再躲到一个安静角落里来"疗养"几天，以等待伤口愈合。

倘若青蛙被石块击伤了，内脏从口腔里露了出来，它就始终张嘴呆在原地不动，并慢慢吞进内脏，三天以后，它的身体复原了，居然能跳到池塘里捉虫子啦。

动物自我治疗的本领，引发了科学家极大的兴趣。那么，它们是怎么知道这些疗法的呢？现在还没有一个圆满的解释。

动物的肢体再生之谜

生物进化的过程，是一个"物竞天择"的过程。在大自然激烈的竞争中，生物具有了千奇百怪的本领。比如，有一部分生物为了自卫，就像下象棋中的"丢卒保车"一样，可以舍弃身体中的某一部分，然后其身体里又会重新长出被丢掉的部分，这着实让人赞叹不已。

在处于险境时，壁虎可以折断尾巴，让丢弃的尾巴迷惑进攻者，自己则逃进洞穴，而没过多久，一条新的尾巴就从折断的地方长了出来。

兔子也有它独特的再生本领,当狐狸咬住兔子的皮毛时,它却能弃皮而逃。兔子的皮跟羊皮纸一样薄,被扯掉皮的地方一点儿血也没有,而且伤口处会很快长出新皮毛。

还有海参,把内脏抛给"敌人",倾肠倒肚,只带着躯壳逃生,不多久,它又再造出一副内脏。而海星更是分身有术,因为海星是以贻贝、杂色蛤、牡蛎为食,所以它是养殖业大敌,从事养殖的人非常讨厌海星,把它捉起来弄得粉身碎骨后再投入大海,结果却适得其反,每一块海星碎块都繁殖出了新海星。

谈起动物界的再生之王,那就要属海绵了。海绵是最原始的多细胞动物,它的再生本领是无以伦比的,如果把海绵切成许许多多的碎块,抛入海中,非但不能损伤它们的生命,相反,它们中的每一块都能独立生活,并逐渐长大形成一个新海绵。即使把海绵捣烂过筛,再混合起来,在良好条件下,只需几天时间就可以重新组成小海绵个体。

研究动物的再生能力,无疑对探讨人的肢体再生途径有极大的启发,可是遗憾的是,至今人们并没有完全揭开动物再生之谜。

动物导航之谜

世界上许多动物有着奇异的远航能力。如生活在南美洲的绿海龟,每年6月中旬便成群结队地从巴西沿海出发,历时2个多月,行程2000多千米,到达大西洋上的阿森松岛,在那里生儿育女以后又返回老家。2个月后,小龟破壳而出,同样像它们的父母一样,游回遥远的巴西沿海。

这种奇异的远航本领,鸟类可能更胜一筹。身长仅4厘米的北极燕鸥,每年在美国的新英格兰筑巢产卵育雏,到8月份便携儿带女飞往南方,12月份到达南极洲,到第二年春天,又飞回新英格兰,每年飞行距离达3.5万千米。

令人感兴趣的是许多与人类有密切关系的家养动物,也有远途外出而不迷路的能力。这些动物是凭借什么来辨别方向、认识路线的呢?科学家们利用蜜蜂和鸽子所做的动物导航实验,已经初步揭开了这两种动物导航的秘密。著名的诺贝尔奖金获得者、奥地利生物学家弗里希，曾在20世纪40年代，用一系列实验测出了蜜蜂的基本导航能力，证明了蜜蜂通常是利用太阳作为罗盘进行导航的，指出蜜蜂就是以太阳作为参考点，通过"舞蹈"告诉其他蜜蜂如何到达它发现的花源地。

通过信鸽的实验，进一步证明了动物的远航是以太阳为罗盘进行导航的。科学家曾做过一个实验：将一群鸽子关在离家以西160千米的屋里，中午时打开电灯模拟黎明，然后放出鸽子，它们以为这是黎明，太阳在东方，但此时却正好在南方，鸽子看到太阳后就根据太阳来导航而飞向南方，它们还以为这是向东方朝家飞呢。

蜜蜂和鸽子不仅在有太阳的时候能顺利导航，就是在没有阳光的阴天也能准确地返回自己的家园。因此可以推测，它们可能有另外一套导航系统。科学家们首先通过实验发现蜜蜂对磁场很敏感。美国科学家沃尔科特曾做过一个实验，他给鸽子带上一个小头盔，可以精确地控制每只鸽子飞行时的磁场。晴天时，鸽子均能正常返回，而遇到阴天，当控制头盔产生一个北极朝上的磁场时，鸽子就飞不回来；如果产生一个南极朝上的磁场时，鸽子又可直接飞回，这就证明鸽子是利用磁北极导航的。

科学家们的实验，虽然已初步揭示了蜜蜂和鸽子导航的秘密。但是，太阳、星星的位置会随时间而变化，即使是地磁场的强度也会有变化。那么，鸽子和蜜蜂是怎样根据变化而调整自己的导航行为，至今尚无人知晓。加上动物种类繁多，海龟、北极燕鸥以及大蝴蝶等能远航的动物，是凭借什么回到自己的老家的，这些都是尚未揭开的秘密。

动物冬眠之谜

冬眠，是某些动物抵御寒冷、维持生命的特有本领。冬眠时，它们可以几个月不吃不喝，也不会饿死。最令人不可思议的是，母熊竟在冬眠期间生育。

对动物冬眠的现象，科学家进行了几个世纪的研究。他们发现，动物皮层下有白色脂肪层，可以防止体内热量散发。在冬眠动物的肩胛骨和胸骨周围还分布有褐色脂肪，好像电热毯一样，产生的热量比白脂肪快20倍，而且环境温度越低，热量产生越快。当气温下降时，冬眠动物的感觉细胞向大脑发出信息，刺激褐色脂肪里的交感神经，使动物的体温刚好保持在免于冻死的水平。

人们虽然已经了解了动物的生理变化，可是，究竟是什么原因促使动物冬眠呢？黑熊在进入冬眠约一个月之前，每24小时就有20小时在吃东西，每天摄取的热量从29.26千焦增加到83.6千焦，体重也增加超过45.4千克。看来，这些都是受动物准备冬眠的一种或几种激素所控制的，也就是说，冬眠动物的体内有一种能诱发自然冬眠的物质。

为证实以上推测，科学家曾对黄鼠进行实验。他们把冬眠黄鼠的血液注射到活动的黄鼠的静脉中去，然后把活动的黄鼠放进7℃的冷房间。几天之后，它们就进入了冬眠。这些试验表明了诱发自然冬眠物质存在的可能性。

人们又从冬眠动物的血液中分离出血清和血细胞，并分别注射到两组黄鼠体内，不久它们也都冬眠了。再用血清过滤后得到的过滤物质和残留物质，分别给黄鼠注射，发现只有过滤物质才引起冬眠。人们从中得到启示：诱发冬眠的物质是血清中极小的物质。有趣的是，用冬眠旱獭的血清诱发黄鼠冬眠效果最好，不论是冬天或夏天，都能诱发黄鼠进入冬眠。

因此，人们得出初步结论：形成冬眠不光决定于诱发物，还决定于诱发物和抗诱发物之间的互相作用。动物是全年在制造诱发物的，而抗诱发物只是在春季一段时间才产生。秋冬季节，诱发物多了，就促进了动物冬眠；到了春季，抗诱发物多了，抑制了诱发物，动物就从冬眠中苏醒过来。动物冬眠的研究虽然取得了一些进展，但还有许多奥秘没有被揭示。

动物季节迁飞之谜

每年秋天，成群的大雁在高空排成整齐的人字形队伍，向着遥远的南方飞去。到了第二年阳春季节，大雁又会沿着原路，准确无误地飞回来。这种依季节不同而变更栖息地的习性，叫做季节迁飞。有这种习性的鸟，叫候鸟。

像大雁、燕子等都是候鸟。候鸟每年的迁飞时间、路线几乎不变,更奇特的是,有的候鸟,如金丝燕在第二年返回家乡时,还能找到它们往年住过的"老房子",并在这座"房子"里一代一代地生活下去。

除候鸟外,有些昆虫也有迁飞习性。美洲有一种体形美丽,被喻为百蝶之王的蝴蝶——君主蝶,每年秋天便成群地从北美向南飞行,行程达3000多千米。它们在墨西哥、古巴、巴哈马群岛和加利福尼亚南部过冬,到了第二年春天便逐渐向北迁移。它们在途中进行繁殖,产卵后自己就死亡了,卵化出的新一代君主蝶重新飞往南方过冬。就这样一代接一代地传下去。

为什么有些鸟类和昆虫具有这种迁飞的本领?在迁飞过程中靠什么定向?这些问题是十分有趣和难解的。短距离飞行可以用视觉定向,但长距离飞行单靠视觉就不够了。

科学家推测,鸟类可能以太阳的位置作为定向的罗盘。如果是这样,那么它们必须补偿因太阳位置移动而引起的那部分时差。因此,科学家认为,候鸟体内可能有一种能够精确计算太阳移位的生物钟,能对白天的时间进行校对。那么夜间如何定向呢?一个非常合理的推论是:它们利用星星定向。可是没有星星的夜晚,它们仍照飞不误,那又是根据什么定向呢?因此有人认为,它们有可能利用地球的磁场、偏振光、气压、气味等来进行定向。

对于蝴蝶的季节迁飞,科学家认为,可能同遗传因素有关。蝴蝶季节迁飞的研究还刚刚开始,科学家期待着更多更有趣的发现。

动物集体自杀之谜

1946年10月,在阿根廷马德普拉塔海滨浴场,有830多头鲸集体自杀。1979年6月、9月和1980年6月,在美国的弗兰斯海滩、澳大利亚新南威士州北部和新西兰的海边,先后发现有40多头和近百头巨鲸冲上海滩,集体自杀。对鲸类集体自杀的原因,说法不一。有人认为,鲸在深海中生活,全靠身上的声纳定位系统来辨别方向、寻找食物。声纳不断发出超声波,超生波遇到水中其他物体时,被反射回来,鲸根据反射回来的超声波来决定自己的行动。鲸游到浅海域,由于海滩的轻度斜坡和海岸地形的影响，使其声纳定位系统变得紊乱。鲸是群居性动物，它们从不舍弃处在困难中的同伴，当最先冲上海滩的鲸发现自己遇难时，就向其他鲸发出求救信号，众鲸立即前去营救，结果导致集体遇难；有的人则认为，鲸搁浅死亡，是由于其耳朵内生有许多寄生虫。这些寄生虫破坏了耳内的感觉身体位置和上下、左右、前后运动方向的平衡器官，使鲸的声纳定位系统受到破坏，从而导致鲸的集体自杀；另一些人则认为，鲸冲上海滩后，会发出一种死亡腺外激素，这种信息被其他鲸接受后，会触发同伴们的死亡腺外激素的迅速分泌，使鲸的同伴大批死亡；还有人认为，鲸的集体自杀跟太阳异常活动有关。当太阳出现黑子、日珥、耀斑的时候，射向地球的光辐射和高能带粒子流剧增，地球上磁场的强度和方向往往发生急剧的不规则的变化，电离层也出现扰动现象，使鲸的声纳系统受到干扰而失灵，导致鲸的集体自杀。当人们对鲸集体自杀的原因众说纷纭时，30年后再次发生了动物自杀事件。

1976年10月，在美国科得角湾沿岸辽阔的海滩上，突然出现成千上万的乌贼，它们争先恐后涌上岸来，进行集体自杀。不到一个月，在大西洋沿岸的美国卡罗来纳州的哈特勒斯角，加拿大的拉布拉多半岛和纽芬兰岛，也先后发生了数以万计的乌贼，登陆集体自杀的事件。这么多的乌贼为什么要集体登陆自杀？说法不一。有人认为，乌贼自杀可能是海洋受到污染。但这种推想受到不少人反对。反对者认为，近年，虽然海洋遭到一些污染，但范围不大，不会影响乌贼生活的海域。而且，对自杀的乌贼解剖，在其体内也没发现有毒物质的积累。有人怀疑乌贼感染了传染病，由于不堪忍受病魔的缠扰而集体自杀。科学家对自杀乌贼进行了解剖，没发现病变症状。有人把"自杀未遂"的乌贼放在盛有海水的玻璃缸里饲养，结果，这些乌贼仍健康地生活着。还有人认为，乌贼集体自杀也许跟海洋中听不到的次声波有关，认为次声波是杀害乌贼的根由。可是，也有人对这个假说表示怀疑：海洋中次声波通过什么对乌贼进行危害？那么辽阔的大西洋，次声波怎么能持续两个多月呢？总之，对乌贼集体自杀的原因，还没有真正搞清楚，仍有待进一步的研究。